儿童长高
食谱

张爱萍 主编

U0386176

 黑龙江科学技术出版社
HEILONGJIANG SCIENCE AND TECHNOLOGY PRESS

图书在版编目（CIP）数据

　　儿童长高食谱 / 张爱萍主编 . -- 哈尔滨 : 黑龙江
科学技术出版社 , 2020.10
　　ISBN 978-7-5719-0728-0

　　Ⅰ . ①儿… Ⅱ . ①张… Ⅲ . ①儿童 – 保健 – 食谱
Ⅳ . ① TS972.162

　　中国版本图书馆 CIP 数据核字 (2020) 第 183237 号

儿童长高食谱
ERTONG ZHANGGAO SHIPU

主　　编	张爱萍	
责任编辑	徐　洋	
封面设计	李　荣	
出　　版	黑龙江科学技术出版社	
地　　址	哈尔滨市南岗区公安街 70-2 号	
邮　　编	150007	
电　　话	（0451）53642106	
传　　真	（0451）53642143	
网　　址	www.lkcbs.cn	
发　　行	全国新华书店	
印　　刷	德富泰（唐山）印务有限公司	
开　　本	710mm×1000mm　　1/16	
印　　张	14.5	
字　　数	300 千字	
版　　次	2020 年 10 月第 1 版	
印　　次	2020 年 10 月第 1 次印刷	
书　　号	ISBN 978-7-5719-0728-0	
定　　价	36.00 元	

本社常年法律顾问：黑龙江承成律师事务所　张春雨　曹珩

目录

长个儿这样吃，孩子快长高不仅仅是祝愿

Part4
日常小病症这样吃，为孩子的健康保驾护航

Part 1

牢记这些常识，

孩子吃好，妈妈放心

　　孩子是父母的心血，更是家庭的希望。从一个新生命的孕育、诞生到成长，每一个家庭、每一对父母都为之付出了无限的爱心。而在养育宝宝这一甜蜜而艰辛的旅程中，新手爸妈常常会遇到很多束手无策的问题。面对出世的宝宝，在他们各个成长时期如何喂养，孩子成长过程中必须摄取的营养素有哪些，如何帮助孩子养成良好的饮食习惯等问题肯定会困扰各位新手爸妈。针对这些问题，本章将向大家作出详细解答。

孩子成长必需的10种营养素

/ 蛋白质—神经递质的原材料 /

营养状况直接影响孩子的生长发育、智力水平、学习能力等。在各种营养物质中，蛋白质是人脑从事复杂智力活动的基本物质，膳食中的蛋白质进入人体后分解为氨基酸，而氨基酸影响着神经传导物质的制造。神经传导物质又称神经递质，是在神经元、肌细胞或感受器间的化学突触中充当信使的分子，具有特殊的生理功能，可看作是神经元的输出工具。科学家通过研究证明，神经递质与儿童的智力息息相关。脑中最常见的神经递质是谷氨酸、γ-氨基丁酸，这两种物质均属于氨基酸类。

现代生物研究发现，大脑中氨基酸含量的多少，决定了人的智力和记忆力高低，补脑、提高记忆的关键是补足氨基酸营养。而氨基酸即是蛋白质水解之后的产物，也就是说，补充氨基酸的最佳方式是补充蛋白质。儿童可多吃奶类、肉类、蛋类、鱼、虾等富含动物蛋白的食物，以及豆类、芝麻、瓜子、核桃、杏仁、松子等富含植物蛋白的食物。

/ 糖类——脑细胞的动力源泉 /

我们知道，糖类是维持人体各项机能的能量源泉，可以为全身细胞，包括脑细胞提供能源。每1克糖类能产生4千卡（1千卡≈4.19千焦）热量，人体热量有60%～70%是由糖类直接供给的，一个人每天需要的糖类为480～600克。而大脑所需要的糖类主要是葡萄糖，大脑虽然只占人体总重量的2%，但其消耗的葡萄糖却占全身热量消耗总数的20%，足见糖类对大脑的重要性。

日常膳食中的主要糖类来源是谷类，即各种主食。一部分蔬菜，如豆角、土豆、白萝卜等含有一定的糖类；各种水果中也含有较多的糖类。如果人体长期缺乏糖类或供应不足，会使全身能量不足，人会没力气、消瘦，严重时会影响学习和生活。

脂肪——完善脑神经功能

脂肪中的磷脂和胆固醇是人体细胞的主要成分，在脑细胞和神经细胞中的含量最多，因而脂肪可维持脑细胞和神经细胞的结构和功能的健全，提高大脑处理信息的速度，增强人的短期与长期记忆。脂肪能为人体提供不饱和脂肪酸，不饱和脂肪酸在人体内不能合成，必须从食物中获得，它能促进脑神经的完善，是构成脑细胞骨架的重要材料。植物油中含较多不饱和脂肪酸，如大豆油、花生油、菜籽油、亚麻油、紫苏油等，容易被消化吸收，可提高脑细胞的活性，增强记忆力和思维能力，相较于含饱和脂肪酸的动物油来说，更适宜儿童食用。

卵磷脂——健脑益智、促进大脑发育

卵磷脂是构成脑神经组织、脑脊髓的主要成分，在大脑神经元中的含量占1/5之多，被世界卫生组织列为每天应补充的营养素之一。卵磷脂在体内经过代谢后，会释放一种叫乙酰胆碱的物质，它是脑神经细胞之间传递信息的物质。对于儿童来说，经常补充卵磷脂，有健脑益智、促进大脑发育的作用。当胎儿还在母体中的时候，孕妇就应该补充足够的卵磷脂了。孕期缺乏卵磷脂，将影响胎儿大脑的正常发育，甚至会导致发育异常。卵磷脂含量最丰富的食物是大豆、蛋黄和动物肝脏，此外，鱼头、芝麻、蘑菇、山药、黑木耳、谷类、小鱼、花生、核桃、玉米油、葵花子油中也有一定的含量。

维生素C——使大脑灵活敏锐

维生素C在婴幼儿智力发育过程中扮演着重要角色，它可以改善脑组织对氧的利用率，使大脑灵活敏锐，能促进脑细胞结构的坚固，消除细胞间的松弛和紧张状态，使身体的代谢功能旺盛。维生素C还影响着人体内儿茶酚胺、5-羟色胺的生成，这两种物质在调节脑神经活动方面具有重要作用。维生素C广泛存在于新鲜水果和绿叶蔬菜中，柑橘类水果、西红柿、鲜红枣中含量最为丰富，此外，小白菜、包菜、西蓝花、花菜、黄瓜、莴笋、胡萝卜、土豆、葡萄柚、苹果、木瓜、猕猴桃等食物中也含有维生素C。儿童经常食用这些食物，对大脑的发育很有好处。

/ B族维生素——维持脑功能正常 /

B族维生素是人体不可或缺的营养元素。维生素B_1摄入不足时，碳水化合物的代谢将受到影响，人体摄入的糖分不能转化为能量，脑的酸碱平衡失调，易导致急性出血性脑灰质炎或多发性神经炎等。人体维生素B_6摄入不足时会导致忧郁症，严重不足时，会使人精神状态不稳定、注意力分散，降低脑的工作效率，甚至发生精神障碍。富含维生素B_1的食物有猪瘦肉、酵母、花生、豌豆、全麦粉、麦麸、坚果等。富含维生素B_6的食物有鱼、动物肝脏、大豆、糙米、禽肉、坚果类、香蕉、瘦肉、全谷粒、梨等。

/ 维生素A——促进脑组织正常发育 /

维生素A是构成视觉细胞的重要成分，并维持着上皮组织的结构完整与健全，还能促进脑组织和全身的正常发育。儿童如果长期摄入维生素A不足，可使大脑发育迟缓，导致智力低下，骨骼也会发育不良。但需要注意的是，补充维生素A不能过量，否则会导致中毒。若一次性摄入大量的维生素A，可在24小时内引起暂时性的颅内压增高，出现恶心、呕吐、嗜睡、前囟隆起等症状。如长期摄入较大量的维生素A，会出现维生素A过多症，表现为食欲减退、毛发脱落、情绪激动、皮肤痒、骨及关节疼痛等。富含维生素A的食物有蛋黄、动物肝脏、胡萝卜、韭菜、紫菜、桃、杏、奶酪、西红柿等。

/ 维生素E——保持大脑活力 /

维生素E具有极强的抗氧化能力，可以防止脑内产生过氧化脂质，从而维持脑的活力，防止其功能衰退。脑组织由于含有大量易于氧化的不饱和脂肪酸，因而是身体中最易被氧化伤害的部位，而这样的反应开始后，便会不停地进行。所以儿童若要保持大脑的活力，就要多吃富含维生素E的食物。富含维生素E的食物有植物油、油料种子、坚果、燕麦片、蛋类、绿叶蔬菜、虾、三文鱼、金枪鱼、梨、麦胚、花生、黄豆、甘薯和豌豆等。

/ 钙——镇静和强化脑神经 /

钙可以抑制脑神经的异常兴奋，维持脑的持续正常运转。体内缺乏钙时，人会发生病理性异常兴奋，很小的刺激就可以使人产生不正常的精神反应，故而使脑消耗很多能量，容易造成脑疲劳。钙的另一个功能是使人体处于正常的弱碱性状态，人体的各项生理功能只有在弱碱性状态下才能正常发挥。因此，儿童补钙非常重要，可以镇静和强化脑神经，为脑细胞创造正常的工作环境，保障大脑持续运转。富含钙的食物很多，如牛、羊奶及其制品，如奶粉、乳酪、酸奶、炼乳等；豆类与豆制品；鱼、虾、蟹类等海产品。

/ 铁——维持大脑的神经功能 /

铁在人体的红细胞中含量较高，是为大脑供氧的重要元素，有助于维持大脑的神经功能。婴幼儿缺铁常常是由于母乳中缺少铁而导致的，妇女因为月经及分娩失血，容易导致缺铁，应及时补充铁质。但要注意，妊娠期妇女服用过多铁剂会使胎儿发生铁中毒，补铁的剂量宜向专业医师咨询。儿童由于生长发育较快，体重和血容量增加，以及铁不断流失，必须每日从食物中摄取铁15～18毫克。儿童缺铁常表现为爱哭闹、睡中惊醒、精神萎靡、厌食、挑食、生长发育迟缓、经常头晕、膝盖疼、抽筋、失眠、注意力不集中、理解力差、记忆力差、学习成绩差等。含铁较多的食物有猪肝、猪血、芝麻酱、黑木耳、桂圆、银耳、海带、虾、海蜇、樱桃、核桃、松子仁、苋菜、雪里蕻等。

孩子各成长期的饮食指南

/ 婴儿期（0~1岁）宝宝智力发育的特点与饮食 /

0~1岁的宝宝心智处在一个从无序状态向有序状态过渡的阶段。他们的感觉能力正在慢慢形成，在视觉上，能分辨一些线条明显、简单，颜色对比强烈的物体。这时候如果让婴儿的视觉受到一些适当的刺激，可以促进大脑轴突的成长与连接。宝宝的听觉也越来越敏感，应避免给他们听过于刺激的音乐，而应以音律稳定、节奏明确的音乐为主，这样可以为宝宝建立乐感，缓和宝宝的情绪，开发宝宝的智力。在触觉上，多给予婴儿抚摸及按摩，加强其感觉训练，这有助于增强大脑的神经连接及信息传导，从而让婴儿的学习能力增强、反应速度变快。在味觉方面，应尽量减少味觉刺激，给婴儿吃的食物以原味、清淡为主。

宝宝出生后首先接受的味觉刺激是母乳或母乳替代品，如果不及时给予新的味觉刺激，将会引起宝宝偏食、拒食。所以在婴儿1个半月时可适当地喂些橘子汁，3个月左右可以用筷子蘸各种菜汤让他尝尝味儿。对于用奶粉喂养的宝宝，应3~5个月换一种奶粉，避免长期喂食单一口味的奶粉，以免导致其味觉迟钝。6个月以后，可以给宝宝尝一尝甜的、酸的、咸的食物，同时，可有目的地引导宝宝品尝不同的味道，并在训练的过程中用一定的语言进行强化，比如问宝宝"酸不酸"等。吃水果时可以同时准备2~3种，如香蕉、橙子、苹果等，让宝宝都尝一尝，告诉宝宝香蕉是甜的，橙子、苹果是酸甜的，根据宝宝的表现大致可判断出他喜欢吃哪种味道的食物。

要使宝宝的味觉得到良好的发育，应该特别重视宝宝断奶期的味觉体验。6个月~1岁这一阶段宝宝的味觉最灵敏，因此是添加辅食的最佳时机。婴儿通过品尝各种辅食，可促进味觉、嗅觉及口感的形成和发育。从流食到半流食，再到固体食物，婴儿也需要一个适应过程。如果在这个时期，婴儿对食物的品尝体验较多，就会拥有广泛的味觉，长大后乐于接受各种食物。反之则造成挑食、偏食等问题。

/ 幼儿期（1～3岁）宝宝智力发育的特点与饮食 /

幼儿期的宝宝饮食原则：以辅食逐渐替代母乳并转为主食。这一时期的幼儿能独立行走，活动范围和运动量都大大增加，因此需要保证其摄入较多的能量，补充更多的营养。由于幼儿的大脑皮质功能进一步完善，语言表达能力会逐渐增强，会用更丰富的语言进行表达；同时模仿能力增强，智力发育很快；父母会发觉幼儿的要求变多了，因为其见识范围迅速扩大，但尚不具有自我意识，缺乏自我识别能力。这一时期尤其要注意补充一些可以增强抵抗力的食物，如富含维生素C的蔬果，以避免孩子发生感染性疾病和传染病。

孩子3岁前大脑发育的速度是最快的，婴儿出生时脑重量为350～400克，是成人脑重的25%；6个月时为出生时的2倍，占成人脑重的50%；2岁时脑重为出生时的3倍，约占成人脑重的75%，以后发育速度则减慢。因此，在幼儿时期一定要注重大脑所需营养的补给，因为从食物中摄取营养的状况直接关系到宝宝大脑的发育程度。

饮食上要多吃肉、鱼和蛋类，肉类富含蛋白质，可为大脑补充能量；鱼肉蛋白所含必需氨基酸的量和比值最适合人体需要，容易被人体消化吸收，也是"脑黄金"DHA的重要来源；蛋类除了富含优质蛋白外，其所含的卵磷脂还有助于改善宝宝的记忆力，尤其是蛋黄的营养更加丰富。蔬菜、水果类也要多吃，尤其是胡萝卜、苹果。胡萝卜富含胡萝卜素，能加快大脑的新陈代谢，增强记忆力；苹果含有可以增强记忆的苹果酵素。五谷类还可多吃些小米、大豆。小米含有较多的维生素B₁、维生素B₂，以及色氨酸、谷氨酸，可以弥补大米中缺乏的营养成分，给大脑充足的营养；大豆含有丰富的优质蛋白和不饱和脂肪酸，适当食用，可增强和改善记忆力。最后，即使对于已经断奶的宝宝，奶类依然是膳食中最重要的部分，奶类不仅可为大脑补充优质蛋白，其富含的谷氨酸以及B族维生素，还有增强智力的作用。

/ 学龄前（3～6岁）儿童智力发育的特点与饮食 /

学龄前期的儿童，大脑和肢体的配合能力越来越好，能够控制身体做出想要的姿势，能够听信号改变奔跑的速度和方向，身体平衡感也有所增强。因此，这个阶段的孩子运动量大大增加，为了补充肌肉的能量消耗，膳食中应注重补充蛋白质，经常吃鱼、禽、蛋、瘦肉。同时，为了保障骨骼的生长，要坚持补钙，每天饮奶，常吃大豆及其制品。

此时期儿童注意力已有高度发展，但稳定性较差，范围较小，一般只注意事物外部较鲜明的特征和动作。其记忆力是形象记忆，对具体形象的东西比较注意，也容易记忆，对故事具有一定的记忆能力，对抽象的道理很难记住。其观察力也有一定的增强，但易受无关刺激的干扰而转移观察的目标。感知觉进一步发展，对颜色的色度开始区别。所以，这个阶段的孩子大部分喜欢看电视、看动画片。父母应多给孩子吃些健脑益智、有助于增强记忆、强化注意力的食物，如含有蛋白质、卵磷脂、钙、镁等营养素的食物，包括橘子、玉米、花生、鱼类、菠萝、鸡蛋、牛奶、小米、

菠菜等，以及富含锌的食物，如牡蛎、核桃、蛋黄、芝麻等。此外，爱看电视的孩子要补充维生素A，以保护眼睛，动物肝脏、乳类、蛋黄等富含维生素A，可适当食用。

需要注意的是，学龄前儿童开始具有一定的独立性，模仿能力变强，活动兴趣增加，容易出现饮食无规律，导致食物过量的状况。当孩子受冷受热，有疾病或情绪不安定时，易影响消化功能，可能造成厌食、偏食等不良饮食习惯。所以这个时期要特别注意培养儿童良好的饮食习惯，一日三餐定时、定点、定量，吃饭应细嚼慢咽，但也不能拖延时间，最好能在30分钟内吃完；培养独立吃饭的习惯，让孩子自己使用筷、匙，既可增加进食的兴趣，又可培养孩子的自信心和独立能力；不宜用食物作为奖励，避免诱导孩子对某种食物产生偏好。家长和看护人应以身作则、言传身教，帮助孩子从小养成良好的饮食习惯和行为。

学龄期（6～12岁）儿童智力发育的特点与饮食

这个阶段的儿童进入小学学习，其脑的形态结构已基本完成，智能发育较快。此期儿童的言语、逻辑能力逐渐增强，从听和说的言语向看和写的言语发展，约从四年级开始，能自觉地掌握一些语法结构。记忆力发展虽较学前期稍慢，但在11岁以前仍有显著的提高，其记忆的范围更广、内容更丰富、储存时间也有所延长。想象力开始发展，模仿性逐渐减少，创造性增多。

学龄初期儿童的思维由具体形象思维发展到抽象思维，是思维发展过程中的质变。因此，在这个阶段的大脑需要消耗更多的能量，需要从饮食中获得大量的营养补给。学龄期

儿童一日三餐的营养应合理分配，尤其是对早餐一定要重视，让孩子吃饱、吃好。早餐种类千万不可过于单一，或者每天都吃同样的早餐。不吃早餐会使体内血糖过低，而大脑是人体内名副其实的"耗糖大户"，体内无法供应足够血糖以供消耗，人便会感到倦怠、疲劳，注意力无法集中，精神不振，反应迟钝，脑意识活动就会出现障碍。长期如此，势必影响脑的发育。

学龄期儿童会有明显的身高、体重变化，骨骼、牙齿的迅速发育，需要大量钙、磷等矿物质作为骨骼钙化的材料。补钙的最佳食品莫过于奶及奶制品，其中的维生素D还能促进钙的吸收和利用。尽量少吃加工食品，如巧克力、饼干、方便面、比萨饼等，这些食物不仅缺乏身高发育所需要的营养，而且其添加剂还会阻碍孩子对营养素的正常吸收，影响生长发育。为了及时补充大脑消耗的能量，学龄期儿童每天宜适当"加餐"，比如课间或下午放学后喝些牛奶，吃些水果、肉松、坚果等，补充学习所消耗的能量，为脑力充电。

此外，家长要避免孩子养成"咬铅笔头"的坏习惯，因为铅笔外层的油漆里含有铅，而铅进入儿童体内会影响孩子的智力发育，导致多动、食欲不好、睡眠不振、注意力不集中、记忆力减退、抵抗力下降等。一旦孩子有了这个坏习惯，一定要及时改正，并多吃些富含维生素C的蔬菜、水果，以助体内铅的排出，同时增加锌、钙、铁的摄入，可降低胃肠对铅的吸收和骨铅的蓄积。不要给孩子吃爆米花、皮蛋等含铅量高的食品。

孩子健康成长，合理膳食是关键

食物种类多样化，合理搭配

学龄前是儿童生长发育、新陈代谢最为旺盛的时期，对各种营养素的需要量也相对高于成人，但因其食量有限，需要家长为孩子选择多样化的食物，通过合理搭配，才能满足孩子身体和大脑对各种营养素的需要。食物的选择应充分考虑其营养成分，并注重其搭配的合理性，如荤素搭配，干稀搭配，富含脂肪、蛋白质的食物与富含维生素、矿物质的食物搭配等，以兼顾各种营养元素的均衡摄入。主食要经常变换花样，比如用小米与大米一起蒸出"金银饭"，间隔着吃几顿菜包、豆沙包、面条，孩子会有新鲜感。肉类食物炒、蒸、煮不断变化，孩子会更有食欲。周末给孩子制作一些小糕点，让补充营养变得充满乐趣。谷类食物是人体能量的主要来源，也是我国传统膳食的主体，能为儿童提供充分的碳水化合物、蛋白质、膳食纤维和B族维生素等，其中的B族维生素还有助于提高注意力和记忆力，处在大脑发育关键期的儿童膳食应注重对谷物的摄取。

常吃新鲜水果和蔬菜

脑部的发育离不开各种维生素，维生素是维持人体正常的生长和生理功能而必须从食物中获得的一类微量物质，在人体生长、代谢、发育过程中发挥着重要的作用。虽然人体对它的需求量不大，但却必不可少。儿童由于身体发育的关系，对维生素的需求比较大，而大部分维生素必须依靠新鲜蔬菜、水果提供。各种蔬菜和水果所含的营养成分并不完全相同，不能相互替代。维生素A可保护视力，又称为视黄醇，多存在于绿叶蔬菜、黄色菜类及水果中；维生素D在代谢过程中，可使大脑兴奋，提高思维的敏捷度；维生素B_1、维生素B_2和维生素B_3可参与糖类、蛋白质的代谢，研究证明，人在精神高度紧张时，对其的需要量急剧增加。如果缺乏这些维生素，会导致全身乏力、头晕、失记忆力下降等。

多吃鱼、禽、蛋、瘦肉

鱼、禽、蛋、瘦肉是优质蛋白质、脂溶性维生素和矿物质的良好来源。蛋白质是构成脑细胞的重要成分，也是智力活动的物质基础，在语言、思考、记忆、神经传导方面都起着重要的作用。动物蛋白的氨基酸组成更适合人体需要，且赖氨酸含量较高，有利于补充植物蛋白中赖氨酸的不足。肉类是铁的重要来源，铁对细胞运送氧的功能至关重要，儿童缺乏铁易导致贫血，出现智力迟钝、注意力不集中、不能耐受刺激等症状。鱼肉中丰富的欧米伽-3不饱和脂肪酸，被称为"脑黄金"，对健脑益智、促进儿童智力发育非常有好处。动物肝脏含维生素A极为丰富，还富含维生素B_2、叶酸等，可为

大脑提供充足的营养，提高大脑的反应速度。此外，鱼、禽、蛋、瘦肉等含饱和脂肪均较低，对健康非常有益，建议儿童经常食用这类食物。

均衡营养，早餐一定要吃好

儿童的胃容量小，消化能力尚未完全成熟，一次不能吃太多食物，故三餐需要合理分配，均衡营养。进入学龄期的儿童，脑力活动会消耗大量的能量，对各类营养素的需要量加倍，此时早餐必须要吃好。经过一个晚上的休息，早上人体内的能量物质已经消耗殆尽，此时如果能吃好早餐，人体将从休眠状态中马上激活，进入工作或学习。如果没有进食早餐，体内无法供应足够血糖以供消耗，大脑处于缺乏营养的状态，人会感到倦怠、疲劳、脑力无法集中、精神不振、反应迟钝。长此以往，会对大脑造成巨大的伤害。早餐可遵循干湿搭配、荤素搭配、甜咸搭配、粗细粮搭配、米面搭配的原则，比如1周可以吃2～3次的碎青菜鸡丝小米粥，另更换皮蛋瘦肉粥、血糯米赤豆粥、绿豆百合粥等；吃粥的同时可以搭配一些干食，如小刀切馒头、蒸饺或者面包等点心。另外，早餐最好保证有牛奶和水果的摄入。此外，孩子的三餐要定时，以养成良好的用餐习惯。晚餐不可吃得过多、油腻，以免影响消化和睡眠。

养成良好的饮食习惯，不挑食、不偏食

健脑益智离不开各种营养素，家长务必要改正孩子挑食、偏食的饮食习惯。人体脑

组织的代谢十分活跃，但其不能储存能量和更多的营养素，因此需要通过饮食来提供大量的营养素，这样才能维持大脑正常的生理功能，维持良好的记忆力和快捷的思维。长期挑食、偏食会使大脑持续处在某种营养不足的状态下，对儿童的智力发育非常不利。为了避免这一现象，日常饮食切勿单调，要注意食物颜色和形状的多样化，同样的食物可以多换些花色来做。如果孩子有过不愉快的进食经历，如吃某种食物后肚子痛或生病，都会产生抗拒心理，此时应及时矫正，将孩子讨厌吃的食物切碎、磨泥、打汁或以模型切割等方式改变形状，再加入其他食物一起烹调。还可以给孩子不爱吃的菜起个可爱的卡通名字，让孩子带着新奇感开心地接受它。此外，维持良好的进餐环境也非常重要，尽量不要在就餐时看电视、大笑、闲聊等，也有助于孩子专心吃饭。

/ 讲究烹调方法 /

儿童的身体正在不断生长，需要从食物中摄取大量的营养；同时处于长牙、换牙阶段，咀嚼能力不能和成人相比；且胃肠道蠕动及调节能力还比较低，各种消化酶的活性远不及成人。因此，针对这些特点，父母还需多用些心，学习如何为孩子配餐，在保证食物多样性的同时，一定要讲究烹调方法。在食物制作上，总的原则是要注意软、烂、碎，以适应孩子的消化能力。要避免食物油腻、过硬、味道过重、辛辣上火，切忌根据自己的口味为孩子准备食物。蛋类最好做成蒸蛋、白水煮蛋、蛋花汤，不宜做成油煎荷包蛋；不要做腌菜等含盐过高的食物给孩子吃，以免增加其肾脏的负担。总之越天然、越清淡、越易消化越好。还要注意食物的色、香、味，以提高孩子的食欲。

帮助孩子远离饮食误区

/ 忌食过咸食物 /

人体对盐（氯化钠）的需求量远远低于我们的想象，一般来说，以成人每天7克以下，儿童每天4克以下为宜。婴幼儿的肾脏远远没有发育成熟，所以没有能力充分排出血液中过多的钠，吃盐过多很容易使肾脏受到损害。孩子吃过咸的食物，还会损伤动脉血管，影响其脑组织的血液供应，脑细胞会长期处于缺血状态，从而造成智力迟钝、记忆力下降。据美国营养学会的研究指出，一岁半以内的婴儿饮用的母乳或牛奶中，钠的含量已满足甚至大大超出婴儿本身对钠的需要量，因此辅食中可完全不另加盐。对于从一岁半到5岁的幼儿，由于各种食物中本身就含有钠，为了调味，放些淡盐即可，千万不宜过咸。咸菜、榨菜、咸肉、豆瓣酱等食物不适宜给儿童食用。父母给孩子做饭时，切忌以自己的口味来矫正咸淡，应用小勺定量取盐。

/ 忌食含味精多的食物 /

味精的主要成分是谷氨酸钠，它通过刺激舌头上的味蕾，让我们感觉到可口的鲜味。味精对人体没有直接的营养价值，一般等食材快出锅时才放少许，可以降低其对人体的伤害。但也有研究表明，1周岁以内的宝宝食用味精有引起脑细胞坏死的可能，常吃还会影响大脑，出现反应迟钝、行为笨拙、记忆力降低等现象，所以对于儿童来说，味精还是少吃为好。鸡精成分是食盐、麦芽糊精、味精等，也应少吃。科学家用动物做了各种试验，结果发现许多不同种类的动物（包括老鼠、兔、猴）在幼年时接触到味精，都会造成脑部创伤。做实验的科学家说："这些猴幼时脑细胞有小部分受损，完全没有征象显示出来，证明脑部受创伤是一个微妙的过程，人类婴儿在平日的环境里若受同样伤害，很可能没有人看得出来。"此外，摄入味精会致使血液中谷氨酸的含量升高，因而限制了人体对钙和镁的利用，对儿童的生长发育不利。薯片、方便面等很多美味零食中不仅含有味精，而且其含量很可能超标，故应忌食。

/ 忌食含过氧脂质的食物 /

过氧脂质是不饱和脂肪酸的过氧化物。研究表明，油温在200℃以上的煎炸类食物中或长时间暴晒于阳光下的食物中，均含有大量的过氧脂质，如果人体长期摄入，将会导致体内代谢酶系统受损，并破坏维生素，从而引起大脑早衰或痴呆。此类食物包括熏鱼、烧鸭、烧鹅；油炸鸡腿、鸡翅；长期晒在阳光下的鱼干、腌肉等；长期存放的饼干、糕点、油茶面、油脂等，特别是已经产生哈喇味的油脂；炸过鱼、虾、肉等的食用油，放置久后也会生成过氧脂质。父母应特别留心，不要给孩子食用此类食物。儿童应尽量从天然、新鲜的食材中获得营养，多吃新鲜蔬菜、水果、肉蛋类、奶类、五谷杂粮，尤其是富含维生素C、胡萝卜素的具有抗氧化功效的食物，尽量不吃各种加工过的食品，尤其是含油脂较多的加工食品。

/ 忌食含铅食物 /

铅是脑细胞的一大"杀手"，这是因为铅进入人体后，主要沉积在大脑的海马体中，而海马体主要负责记忆和学习，日常生活中的短期记忆都储存在海马体中，铅使这里的营养物质和氧气供应不足，从而造成脑组织损伤。铅中毒的儿童表现为多动、注意力不集中、行为冲动、智商下降、语言功能发育迟缓等。而且，铅中毒对儿童的影响比成人要严重，因为儿童对铅的吸收率高而排泄率却很低。爆米花、松花蛋等食物在制作过程中，都会有铅进入食物，故儿童不宜食用。多吃富含维生素C的蔬菜、水果，有助于排出体内的铅，同时增加锌、钙、铁的摄入，可降低胃肠对铅的吸收和骨铅的蓄积。大人千万不要在孩子面前吸烟，因为燃烧的香烟产生的雾状含铅微尘是空气含铅微尘的60倍。

儿童分龄食谱，

营养足成长快

　　每个孩子，在不同的时期，对于各种营养的需求是不同的。我们根据儿童不同阶段的要求，将儿童营养食谱分为0~1岁、1~3岁、3~6岁和6~12岁四个阶段。我们提供了最科学、最营养、最适合的饮食策略和辅食制作方案，让妈妈们可以根据自己孩子的年龄来选择合适的食谱。

0～1岁
婴儿营养食谱

●功效：增强免疫力

●难易度：★★☆

肉末南瓜土豆泥

原料： 南瓜300克，土豆300克，
肉末120克，葱花少许

调料： 料酒、生抽、盐、鸡粉、芝
麻油、食用油各适量

tips

拌食材时可加入少许高汤，
这样可使其更松软入味。

做法

1 洗净去皮的南瓜切片；洗好去皮的土豆切片。

2 热锅注油烧热，倒入肉末炒至变色，加料酒、生抽、盐、鸡
粉，炒匀，盛出。

3 把土豆、南瓜放入烧开的蒸锅中，蒸15分钟，取出。

4 把土豆泥、南瓜泥装入碗中，放入肉末、葱花、盐、芝麻油
搅拌入味即可。

原料：南瓜250克，燕麦55克

调料：盐少许

•• 做法 ••

1 将去皮洗净的南瓜切成片。

2 燕麦装入碗中，加入少许清水浸泡一会儿。

3 蒸锅置于旺火上烧开，放入南瓜、燕麦，用中火蒸5分钟至燕麦熟透，取出，待用。

4 盖上盖，继续蒸5分钟至南瓜熟软，取出。

5 取一个干净的玻璃碗，将南瓜倒入其中，加入少许盐，搅拌均匀。

6 加入蒸好的燕麦，搅拌成泥状，盛入另一个碗中即可。

难易度：★ ★ ☆

功效：补铁

燕麦南瓜泥

★ \ tips \

燕麦一次不宜吃太多，否则会造成胃痉挛或是胀气。

肉酱花菜泥

难易度：★★☆

功效：增强记忆力

原料：土豆120克，花菜70克，肉末40克，鸡蛋1个

调料：盐少许，料酒2毫升，食用油适量

tips

儿童食用花菜，可增强抵抗力、促进生长，还能保护视力和增强记忆力。

 做法

1 将去皮洗好的土豆切条；洗净的花菜切碎；鸡蛋取蛋黄。
2 用油起锅，倒入肉末、料酒、蛋黄，炒熟，盛出备用。
3 蒸锅置旺火上，用大火烧开，放入土豆、花菜碎，用中火蒸熟，取出，将土豆压成泥。
4 加入花菜碎、盐、蛋黄、肉末快速搅拌入味即成。

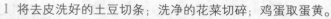

蛋黄糊

- 难易度：★★☆
- 功效：增强记忆力

原料：熟鸡蛋1个，米碎90克
调料：盐少许

· · 做法 · ·

1 熟鸡蛋剥去外壳，取出蛋黄，剁成末。
2 汤锅中注入清水烧开，加米碎，煮约3分钟至呈糊状，倒入部分蛋黄末，加入盐，拌匀。
3 盛出煮好的米糊，装在碗中，撒上余下的蛋黄末点缀即成。

鸡肝糊

- 难易度：★★☆
- 功效：保护视力

原料：鸡肝150克，鸡汤85毫升
调料：盐少许

· · 做法 · ·

1 将洗净的鸡肝装盘中，放入烧开的蒸锅中，蒸15分钟至熟透。
2 取出，放凉，用刀将鸡肝剁成泥状。
3 把鸡汤倒入汤锅中，煮沸，倒入鸡肝，煮1分钟成泥状，加入盐，拌匀，将煮好的鸡肝糊倒入碗中即可。

肉糜粥

功效：增强免疫力

难易度：★★☆

原料：瘦肉600克，小白菜45克，大米65克
调料：盐2克

做法

1 将洗净的小白菜切段。

2 洗好的瘦肉切片。

3 将瘦肉放入榨汁机中，搅成泥状，盛出，加水调匀。

4 选择干磨刀座组合，将大米磨碎，盛入碗中，加水调匀。

5 把小白菜放入杯中，加入清水，榨取小白菜汁，盛出。

6 锅置火上，倒入小白菜汁、肉泥、米浆，煮成米糊，加盐搅拌入味即可。

tips

煮制肉糜粥时，可添加大骨汤或鸡汤一起煮，这样可以使营养更加丰富。

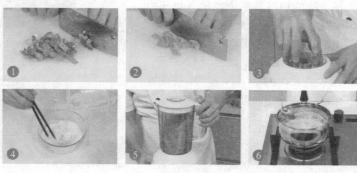

虾仁豆腐泥

难易度：★★☆

功效：增强记忆力

原料：虾仁45克，豆腐180克，胡萝卜50克，高汤200毫升

调料：盐2克

tips

虾仁放入锅后不宜煮制过久，以免过老，失去鲜嫩的口感。

做法

1 将洗净的胡萝卜切成粒；把洗好的豆腐压烂，剁碎。

2 挑去虾线，用刀把虾仁压烂，剁成末。

3 锅中倒入高汤，放入胡萝卜粒，烧开后用小火煮5分钟至胡萝卜熟透。

4 放入盐、豆腐、虾肉末，拌匀，煮片刻即可。

胡萝卜豆腐泥

功效：开胃消食

难易度：★★☆

原料：胡萝卜85克，鸡蛋1个，豆腐90克
调料：盐少许，水淀粉3毫升

 做法

1 把鸡蛋打入碗中，用筷子打散，调匀。

2 洗好的胡萝卜切成丁，洗净的豆腐切块。

3 把胡萝卜和豆腐放入烧开的蒸锅中蒸熟，取出，剁成泥。

4 汤锅中注入适量清水，放入盐，倒入胡萝卜泥，用锅勺轻轻搅拌一会儿。

5 放入豆腐泥搅拌均匀，煮沸。

6 倒入蛋液，搅匀，煮开，加入水淀粉搅匀即可。

tips

此道辅食中可加入一些肉、蛋，搭配食用能遮盖胡萝卜的味道。

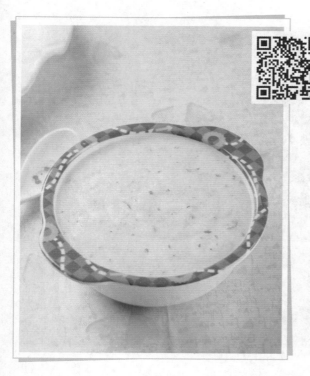

山药杏仁糊

- 难易度：★★☆
- 功效：健脾止泻

原料：山药180克，小米饭170克，杏仁30克

调料：白醋少许

⋅ ⋅ 做法 ⋅ ⋅

1 将去皮洗净的山药切丁。

2 锅中注入清水烧开，倒入山药、白醋，拌匀，煮2分钟至熟透，捞出。

3 取榨汁机，把山药倒入杯中，加入小米饭、杏仁、清水，榨成糊；将山药杏仁糊倒入汤锅中，拌匀，煮约1分钟，把煮好的山药杏仁糊盛出，装入碗中即可。

芋头玉米泥

- 难易度：★★☆
- 功效：保护视力

原料：香芋150克，鲜玉米粒100克，配方奶粉15克

调料：白糖4克

⋅ ⋅ 做法 ⋅ ⋅

1 将去皮洗净的香芋切片。

2 把香芋片、玉米粒放入蒸锅中，蒸10分钟至食材熟透，把熟香芋倒在砧板上，用刀压成末，装入碗中。

3 取榨汁机，加入玉米粒、奶粉，搅打成泥状，汤锅中加入清水、玉米泥、白糖、香芋泥，煮至食材熟透，将芋头玉米泥倒入碗中即成。

菠菜牛奶碎米粥

● 功效：补钙

● 难易度：★★☆

原料：菠菜80克，牛奶100毫升，大米65克

调料：盐少许

· · 做法 · ·

1 锅中加入清水，烧开，放入洗好的菠菜，焯一下，捞出。

2 取榨汁机，选择搅拌刀座组合，将菠菜放入杯中，倒入清水，榨出汁，倒入碗中。

3 选干磨刀座组合，将大米放入杯中磨成米碎，盛入碗中。

4 锅置火上，倒入菠菜汁，用中火煮沸。

5 加入牛奶、米碎，搅拌均匀，煮成浓稠的米糊。

6 调入盐搅拌均匀至米糊入味即可。

\ tips /

给宝宝食用的菠菜必须先焯水，去除草酸后再烹饪。

菠菜米糊

难易度：★ ★ ☆

功效：补铁

原料：菠菜65克，鸡蛋50克，鸡胸肉55克，米碎90克

调料：盐少许

tips
倒入蛋液时要不停地搅拌，这样可以使米糊更美观。

• • • 做法 • • •

1 将鸡蛋打散搅匀制成蛋液；菠菜焯煮至断生，捞出放凉，剁成末。

2 把洗净的鸡胸肉剁成末，放在小碗中，倒入少许清水，搅拌匀，待用。

3 汤锅中注入适量清水烧开，倒入米碎，煮2分钟。

4 倒入鸡肉末、菠菜末，煮沸，加盐、蛋液，拌匀煮熟即成。

包菜稀糊

功效：增强免疫力

难易度：★★☆

原料：包菜100克，大米60克
调料：白糖2克

 做法

1 将洗好的包菜切条。

2 取榨汁机，把包菜放入杯中，倒入清水，榨成汁，倒入碗中。

3 选择干磨刀座组合，将大米放入杯中磨成米碎，盛入碗中。

4 取汤锅，置于旺火上，倒入包菜汁、米碎，不停地搅拌，煮1分钟至呈黏稠状。

5 继续熬煮片刻，然后加入白糖。

6 持续拌煮至白糖溶化，制成米糊，盛入碗中即可。

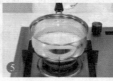

\ tips /

包菜不宜加热过久，以免其有效成分被破坏，降低营养价值。

板栗糊

● 难易度：★★☆

● 功效：健脾止泻

原料：板栗肉150克

调料：白糖10克

● · ● 做法 · ● ·

1　洗净的板栗肉切小块。

2　取榨汁机，倒入板栗肉、清水，榨出板栗汁。

3　砂锅置于火上，倒入板栗汁，煮约3分钟至呈糊状，撒上白糖，煮至白糖溶化，盛出板栗糊，装入碗中即可。

土豆豌豆泥

● 难易度：★★☆

● 功效：开胃消食

原料：土豆130克，豌豆40克

● · ● 做法 · ● ·

1　洗好去皮的土豆切薄片。

2　把土豆放入蒸碗中，放入烧开的蒸锅中，蒸约15分钟至食材熟软。取出，放凉，将洗好的豌豆放入蒸锅中，蒸约10分钟至豌豆熟软，取出。

3　取碗，倒入土豆，压成泥状，放入豌豆，捣成泥状，将土豆和豌豆混合均匀，另取碗，盛入拌好的土豆豌豆泥即可。

苹果胡萝卜泥

● 难易度：★★☆

● 功效：补铁

原料：苹果90克，胡萝卜120克

调料：白糖10克

tips

选用汁水较多的苹果制作此道辅食，这样口感会更好。

• • • 做法 • • •

1 将去皮洗净的苹果切瓣，去核，改切成小块。

2 洗好的胡萝卜对半切开，切条，改切成丁。

3 把苹果、胡萝卜蒸熟，取出。

4 取榨汁机，选择搅拌刀座组合，杯中放入蒸熟的胡萝卜、苹果，加入白糖，搅成果蔬泥，倒入碗中即可。

①

②

③

④

原料：小白菜60克，泡软的面条150克，鸡汤220毫升
调料：盐、生抽各少许

· · 做法 · ·

1 将洗净的小白菜切碎，剁成粒，装入小碟中备用。
2 把泡软的面条切成段，备用。
3 汤锅置于火上，倒入鸡汤，煮2分钟至汤汁沸腾。
4 下入面条，搅散，煮1分钟至其七成熟。
5 调成小火，将小白菜倒入锅中。
6 转大火，放入盐、生抽，拌煮1分钟至食材熟透、入味即可。

功效：补钙

难易度：★★☆

白菜焖面糊

tips

煮制面条时，将浮沫捞出。

原料：苹果90克，红薯140克

苹果红薯泥

● 功效：补锌
● 难易度：★★☆

 做法

1 将去皮洗净的红薯切成瓣。
2 将去皮洗好的苹果切成瓣，去核，改切成小块，装盘待用。
3 把红薯、苹果蒸熟，取出。
4 把红薯放入碗中，用勺子把红薯压成泥状。
5 倒入苹果压烂，拌匀。
6 取榨汁机，选择搅拌刀座组合，把苹果红薯泥舀入杯中，搅匀即可。

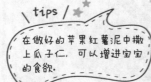

tips
在做好的苹果红薯泥中撒上瓜子仁，可以增进宝宝的食欲。

上海青汁

● 难易度：★★☆
● 功效：补铁

原料：上海青40克

· · （做法）· ·

1 将洗净的上海青切小瓣，再切小块。
2 砂锅中注入清水烧开，倒入上海青，拌匀，煮约10分钟至熟。
3 用滤网将汤水过滤到碗中即可。

葡萄苹果汁

● 难易度：★★☆
● 功效：提高免疫力

原料：葡萄100克，苹果100克，柠檬70克，蜂蜜20毫升

· · （做法）· ·

1 将洗好的苹果去核，切小块。
2 取榨汁机，倒入苹果、葡萄、矿泉水，榨取葡萄苹果汁。
3 倒入蜂蜜，搅拌，把榨好的果汁倒入杯中，挤入几滴柠檬汁即可。

虾仁蔬菜稀饭

功效：补钙

难易度：★★☆

原料：虾仁、胡萝卜、洋葱、秀珍菇、稀饭、高汤各适量

调料：食用油适量

 做法

1 锅中注水烧开，倒入虾仁，煮至虾身弯曲，捞出，切碎。

2 洗净的洋葱切成丁；洗净去皮的胡萝卜切成丁；洗好的秀珍菇切成丝。

3 砂锅置于火上，淋入食用油。

4 倒入洋葱、胡萝卜、虾仁、秀珍菇，炒匀。

5 倒入高汤，加入稀饭，拌匀、炒散。

6 煮约20分钟至食材熟透，搅拌即可。

tips

秀珍菇可用手撕开，这样口感会更好。

鸡肉口蘑稀饭

难易度：★★☆

功效：增强免疫

原料：鸡胸肉90克，口蘑30克，上海青35克，奶油15克，米饭160克，鸡汤200毫升

tips

口蘑最好先泡发，这样更容易入味。

做法

1 洗净的口蘑切丁；洗好的上海青切去根部，再切丁；洗净的鸡胸肉切丁，备用。

2 砂锅置于火上，倒入奶油，翻炒至融化。

3 倒入鸡胸肉、口蘑，炒匀，加入鸡汤、米饭，炒匀，烧开后用小火煮约20分钟。

4 放入上海青拌匀，煮约3分钟至食材熟透即可。

功效：增强免疫力

难易度：★★☆

土豆稀饭

原料：土豆70克，胡萝卜65克，菠菜30克，稀饭160克

调料：食用油少许

•• 做法 ••

1 锅中注水烧开，倒入菠菜，煮至变软，捞出，放凉，切碎。

2 洗净去皮的土豆切成粒；洗好的胡萝卜切成粒。

3 煎锅置于火上，倒入食用油烧热。

4 放入土豆、胡萝卜，炒匀炒香。

5 注入清水，倒入稀饭、菠菜，炒匀炒香。

6 用大火略煮片刻，至食材熟透即可。

\ tips /

要将土豆芽根周围部分多挖除一些，以保证食用安全。

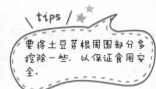

菌菇稀饭

● 难易度：★★☆
● 功效：清热解毒

原料：金针菇70克，胡萝卜35克，香菇15克，绿豆芽25克，软饭180克
调料：盐少许

● · ● 做法 ● · ●

1 将洗净的豆芽切粒；洗好的金针菇切去根部，切段；洗好的香菇切丁；洗净的胡萝卜切丁。
2 锅中倒入清水，放入材料，煮沸，倒入软饭，煮20分钟至食材软烂。
3 倒入绿豆芽、盐，拌至入味，将做好的稀饭盛出，装入碗中即可。

茄子稀饭

● 难易度：★★☆
● 功效：增强免疫力

原料：茄子60克，牛肉80克，胡萝卜50克，洋葱30克，软饭150克
调料：盐少许，生抽2毫升，食用油适量

● · ● ● · ●

1 将胡萝卜、洋葱、茄子分别切粒；洗净的牛肉剁成肉末。
2 锅中注入食用油烧热，倒入牛肉末、生抽、洋葱、胡萝卜、茄子，炒约1分钟至食材熟透，盛出。
3 汤锅中注入清水烧开，倒入软饭，倒入炒好的食材，放入盐，炒匀，将煮好的稀饭盛入碗中即可。

原料：水发米碎80克，白萝卜120克

白萝卜稀粥

 做法

1 洗好去皮的白萝卜切块，装盘待用。

2 取榨汁机，选择搅拌刀座组合，放入白萝卜块，注入温开水，榨取汁水倒入碗中，备用。

3 砂锅置于火上，倒入白萝卜汁，用中火煮至沸。

4 倒入备好的米碎搅拌均匀。

5 烧开后用小火煮约20分钟至食材熟透。

6 搅拌一会儿，关火后盛出煮好的稀粥即可。

tips

榨汁机的盖子要盖紧，以免搅拌时萝卜汁溅出，造成浪费。

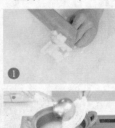

西红柿稀粥

难易度：★★☆

功效：开胃消食

原料：水发米碎100克，西红柿90克

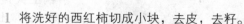

tips

西红柿不宜长时间高温加热，这样会失去营养。

做法

1 将洗好的西红柿切成小块，去皮，去籽。

2 取榨汁机，选择搅拌刀座组合，倒入西红柿，注入温开水，榨取汁水倒入碗中，备用。

3 砂锅中注水烧开，倒入米碎，煮约20分钟至熟。

4 倒入西红柿汁拌匀，煮约5分钟，盛入碗中即可。

哈密瓜夏南瓜稀粥

● 难易度：★★☆
● 功效：保护视力

原料：水发大米110克，南瓜40克，哈密瓜35克

● ● 做法 ● ●

1 洗净去皮的南瓜切粒；洗好去皮的哈密瓜切丁。
2 砂锅中注水烧开，倒入洗净的大米，拌匀，煮约20分钟。
3 倒入南瓜、哈密瓜，搅匀，煮约20分钟至食材熟透即可。

鲷鱼稀饭

● 难易度：★★☆
● 功效：开胃消食

原料：鲷鱼肉80克，白萝卜40克，白菜65克，稀饭95克，海带汤400毫升

● ● 做法 ● ●

1 蒸锅上火烧开，放入洗好的鲷鱼肉，蒸熟，取出放凉，切成碎末。
2 洗净的白菜、白萝卜切成碎末。
3 砂锅中注水烧开，倒入海带汤、鲷鱼、白萝卜、稀饭、白菜，拌匀、搅散，烧开后用小火焖煮熟透即可。

原料：豆腐90克，菠菜60克，秀珍菇30克，软饭170克
调料：盐2克

· · 做法 · ·

1 汤锅中注水烧开，放入豆腐，焯煮片刻，捞出备用。

2 把洗净的秀珍菇、菠菜焯水，捞出，剁成末。

3 用刀背将豆腐压碎，再剁成末，备用。

4 汤锅中注水烧开，倒入软饭搅散，用小火煮20分钟至软烂。

5 倒入菠菜、豆腐、盐，拌匀调味。

6 关火，把煮好的稀饭盛出，装入碗中即可。

功效：健脾止泻
难易度：★ ★ ☆

嫩豆腐稀饭

★ ＼ tips
将秀珍菇放入淡盐水中浸泡15分钟。

原料：豆腐70克，水发小米150克，黄油30克
调料：盐少许

功效：益智健脑
难易度：★★☆

豆腐黄油稀饭

 做法

1 将洗净的豆腐切成条，再切成小块，备用。
2 砂锅中注入适量清水烧开，倒入洗好的小米，搅散。
3 盖上盖，煮25分钟至小米熟透。
4 揭开盖，倒入备好的豆腐、黄油。
5 搅拌均匀，煮至黄油融化。
6 放入盐，拌匀调味，关火后把煮好的粥盛入碗中即可。

tips

豆腐可先用淡盐水浸泡，这样就不容易煮碎了。

甜南瓜稀粥

难易度：★★☆

● 功效：增高助长

原料：米碎60克，南瓜75克

tips

南瓜表皮若有溃烂，或切开后散发出酒精味，则不能进用。

• • 做法 • •

1 洗好去皮的南瓜切成小块，装入蒸盘中，蒸熟，取出，碾成泥，装盘备用。

2 砂锅中注入适量清水烧开，倒入米碎，将其搅散。

3 盖上盖，用大火烧开后转小火煮20分钟至熟。

4 揭开盖，倒入南瓜泥搅匀即可。

难易度：★★☆
功效：补钙

三文鱼泥

原料：三文鱼肉120克
调料：盐少许

•·• 做法 •·•

1 蒸锅上火烧开，放入处理好的三文鱼肉。
2 盖上锅盖，用中火蒸约15分钟至熟。
3 揭开锅盖，取出三文鱼，放凉待用。
4 取一个干净的大碗，放入三文鱼肉，压成泥状。
5 加入盐，搅拌均匀至其入味。
6 另取一个干净的小碗，盛入拌好的三文鱼即可。

\ tips /
三文鱼不宜蒸太久，以免破坏其营养价值。

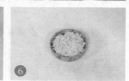

鲜鱼豆腐稀饭

- 难易度：★★☆
- 功效：益智健脑

原料：草鱼肉80克，胡萝卜50克，豆腐100克，洋葱25克，杏鲍菇40克，稀饭120克，海带汤250毫升

· · 做法 · ·

1 蒸锅上火烧开，放入草鱼肉，蒸约10分钟至熟，取出。

2 将胡萝卜切粒，洋葱切碎末，杏鲍菇切粒，豆腐切小方块，草鱼剁碎。

3 砂锅中注入清水，倒入海带汤、草鱼、杏鲍菇、胡萝卜、豆腐、洋葱、稀饭，煮约20分钟，盛出即可。

蛋黄银丝面

- 难易度：★★☆
- 功效：清热解毒

原料：小白菜100克，面条75克，熟鸡蛋1个

调料：盐2克，食用油少许

· · 做法 · ·

1 锅中注入清水烧开，放入小白菜，煮约半分钟，捞出，沥干水分。

2 把面条切段；小白菜切粒；熟鸡蛋剥取蛋黄，切细末。

3 汤锅中注入清水烧开，放入面条、盐、食用油，煮约5分钟至熟软，倒入小白菜，煮片刻至全部食材熟透，盛出，放在碗中，撒上蛋黄末即成。

难易度：★★☆

功效：保护视力

菠菜肉末面

①

②

③

④

原料：面条85克，肉末55克，胡萝卜50克，菠菜45克

调料：盐少许，食用油2毫升

★ \ tips /

胡萝卜含有蔗糖、胡萝卜素等营养物质，对保持人体健康大有裨益。

 做法

1 将洗好的菠菜切成碎；胡萝卜切成粒。

2 汤锅中注水烧开，倒入胡萝卜粒，加盐、食用油，拌匀，用小火煮约3分钟至胡萝卜断生。

3 放入肉末，拌匀，煮至汤汁沸腾，下入面条拌匀，用小火煮约5分钟至面条熟透。

4 取下盖子，倒入菠菜碎，拌匀，续煮片刻至断生，关火后盛出煮好的面条，放在小碗中即成。

原料：水发黄豆60克，草莓50克
调料：冰糖适量

·· 做法 ··

1 将已浸泡8小时的黄豆搓洗干净，沥干水分。
2 在豆浆机中加入冰糖。
3 放入洗净的黄豆、草莓，注水至水位线。
4 选择"五谷"程序，待豆浆机运转约15分钟，即成豆浆。
5 把煮好的豆浆倒入滤网，用手轻抖，滤取豆浆。
6 将豆浆倒入碗中，用汤匙捞去浮沫即可饮用。

草莓豆浆

难易度：★★☆
功效：增强免疫力

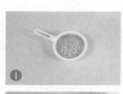  

tips

草莓可用淡盐水或淘米水浸泡5分钟。

果仁豆浆

难易度：★★☆

功效：提高免疫力

原料：水发黄豆100克，腰果、榛子各30克

调料：冰糖10克

tips

榛子质地较硬，可以先煮软，再打浆。

做法

1 将洗净的榛子、腰果和已浸泡8小时的黄豆搓洗干净，沥干水分。
2 把洗好的材料和冰糖倒入豆浆机中，注水至水位线以下即可。
3 盖上豆浆机机头，选择"五谷"程序，再选择"开始"键，打成豆浆。
4 把煮好的豆浆倒入滤网，滤取豆浆倒入碗中，用汤匙撇去浮沫即成。

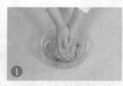

西瓜黄桃苹果汁

● 难易度：★★☆
● 功效：开胃消食

原料：西瓜300克，黄桃150克，苹果200克

●●● 做法 ●●●

1 洗好的苹果切小块；取出的西瓜肉去子，切小块。
2 取榨汁机，把苹果、西瓜、黄桃倒入榨汁机的搅拌杯中，加矿泉水。
3 榨取果汁，取下搅拌杯，把果汁倒入杯中即可。

莲藕柠檬苹果汁

● 难易度：★★☆
● 功效：健脾止泻

原料：莲藕130克，柠檬80克，苹果120克
调料：蜂蜜15克

●●● 做法 ●●●

1 莲藕切小块；苹果去核，去皮，切小块；柠檬去皮，把果肉切小块。
2 砂锅中注入清水烧开，倒入莲藕，煮1分钟，捞出，沥干水分。
3 取榨汁机，将食材倒入搅拌杯中，加入纯净水，榨取蔬果蔬汁，倒入蜂蜜，拌匀，装碗中即可。

3～6岁学龄前
儿童营养食谱

豌豆糊

功效：补钙
难易度：★★☆

原料：豌豆120克，鸡汤200毫升
调料：盐少许

做法

1 汤锅中注入清水，倒入洗好的豌豆，煮15分钟至熟，捞出。
2 取榨汁机，倒入豌豆，倒入100毫升鸡汤，榨取豌豆鸡汤汁。
3 将榨好的豌豆鸡汤汁倒入碗中。
4 把剩余的鸡汤倒入汤锅中，加入豌豆鸡汤汁。
5 用锅勺搅散，煮沸。
6 放入盐快速搅匀，调味，将煮好的豌豆糊装入碗中，即可。

tips
将榨好的豌豆鸡汤汁过滤一遍后再煮制，口感会更滑腻。

花生核桃糊

◦ 难易度：★★☆

◦ 功效：健胃消食

原料：糯米粉90克，核桃仁60克，
花生米50克

tips

糯米粉最好用温水调匀，这样不仅容易搅匀，而且更易煮熟。

 做法

1 取榨汁机，选择干磨刀座组合，倒入洗净的花生米、核桃仁，磨成粉末状，制成核桃粉待用。

2 将糯米粉放入碗中，注入适量清水，调匀，制成生米糊。

3 砂锅中注水烧开，倒入核桃粉，用大火拌煮至沸。

4 放入生米糊，边倒边搅拌，至其溶于汁水中，转中火煮约2分钟，至材料呈糊状即成。

原料：香蕉1根，牛奶100毫升

调料：白糖少许

1 香蕉去皮，将果肉压碎，剁成泥状。

2 装入碗中，待用。

3 汤锅中注入适量清水，倒入牛奶。

4 加入白糖。

5 用锅勺搅拌一会儿。

6 用小火煮1分30秒至白糖溶化，倒入香蕉泥拌匀，煮沸即可。

难易度：★★☆

功效：开胃消食

香蕉牛奶糊

tips

制作此糊，不宜选用过于熟透的香蕉，否则口感会欠佳。

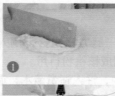

玉米奶露

- 难易度：★★☆
- 功效：开胃消食

原料：鲜玉米粒100克，牛奶150毫升

调料：白糖12克

••• 做法 •••

1 汤锅中注入清水烧开，放入玉米粒，煮1分30秒至熟，捞出。

2 把牛奶倒入汤锅中，放入白糖。煮约2分钟至溶化，盛出。

3 取榨汁机，把煮熟的玉米倒入杯中，加入牛奶，榨取玉米奶露，将榨好的玉米奶露盛入碗中即可。

奶香口蘑烧花菜

- 难易度：★★☆
- 功效：增高助长

原料：花菜、西蓝花各180克，口蘑100克，牛奶100毫升

调料：盐3克，鸡粉2克，料酒5毫升，水淀粉、食用油各适量

••• 做法 •••

1 花菜、西蓝花切小朵；口蘑切十字花刀。

2 锅中注水烧开，加入盐、口蘑、食用油、花菜、西蓝花，煮至食材断生，捞出沥干水分；用油起锅，倒入煮好的食材、料酒、清水、牛奶、盐、鸡粉、水淀粉，炒熟即可。

水煮猪肝

难易度：★★☆

功效：增强免疫力

原料：猪肝300克，白菜200克，姜片、葱段、蒜末各少许

调料：盐、鸡粉、料酒、水淀粉、豆瓣酱、生抽各适量

 做法

1 将洗净的白菜切细丝。

2 猪肝切薄片，加盐、鸡粉、料酒、水淀粉，拌匀腌渍。

3 白菜丝焯水，捞出。

4 用油起锅，倒入姜片、葱段、蒜末、豆瓣酱，炒散。

5 倒入猪肝片，炒至变色；淋入料酒，炒匀。

6 注入清水，淋入生抽，放盐、鸡粉、水淀粉拌匀即成。

\ tips /

猪肝在烹制前可用生粉腌渍一下，口感会更嫩。

豌豆炒牛肉粒

难易度：★★☆

功效：开胃消食

原料：牛肉260克，彩椒20克，豌豆300克，姜片少许

调料：盐、鸡粉、料酒、食粉、水淀粉、食用油各适量

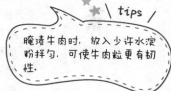

tips

腌渍牛肉时，放入少许水淀粉拌匀，可使牛肉粒更有韧性。

做法

1 将洗净的彩椒切成丁；豌豆、彩椒，焯水，捞出待用。

2 洗好的牛肉切成粒，加盐、料酒、食粉、水淀粉、食用油，拌匀腌渍，滑油。

3 用油起锅，放入姜片，爆香；倒入牛肉，炒匀。

4 淋入料酒，炒香；倒入焯过水的食材，炒匀；加盐、鸡粉、料酒、水淀粉，翻炒均匀即可。

原料：包菜200克，肉末70克，姜末、蒜末各少许
调料：盐、鸡粉、料酒、生抽、水淀粉、食用油各适量

肉末包菜

难易度：★★☆

功效：增高助长

•• 做法 ••

1 将洗净的包菜切成小块，装入盘中待用。

2 锅中注水烧开，放入食用油，加适量盐，倒入包菜，搅匀，煮2分钟至熟，捞出待用。

3 用油起锅，倒入肉末，炒至转色。

4 放料酒、生抽、姜末、蒜末、包菜炒匀。

5 倒入少许清水，翻炒片刻。

6 放入盐、鸡粉、水淀粉，拌炒入味即可。

\ tips /

将包菜撕成小块，焯水捞出后沥干水分，再入锅炒制。

白菜梗拌胡萝卜丝

● 难易度：★★☆
● 功效：健胃消食

原料：白菜梗120克，胡萝卜200克，青椒35克，蒜末、葱花各少许

调料：盐3克，鸡粉2克，生抽3毫升，陈醋6毫升，芝麻油适量

● ● 做法 ● ● ●

1 白菜梗、胡萝卜切丝；青椒切丝。
2 锅中注入清水烧开，加入盐、胡萝卜丝、白菜梗、青椒丝，煮约半分钟，捞出，装入碗中，加入盐、鸡粉、生抽、陈醋、芝麻油、蒜末、葱花，拌至食材入味，盛入拌好的材料即成。

奶香玉米烙

● 难易度：★★☆
● 功效：保护视力

原料：鲜玉米粒150克，牛奶100毫升

调料：盐2克，白糖6克，生粉、食用油各适量

● ● 做法 ● ●

1 锅中注入清水烧开，放入盐、玉米粒，煮至断生，捞出，沥干水分。
2 碗中加入白糖、牛奶、生粉，拌至糖分完全溶化，放入食用油、拌好的玉米粒，制成玉米饼生坯。
3 煎锅中注入食用油，下入饼坯，煎至两面熟透，盛出煎好的玉米烙，放在盘中，食用时分成小块即可。

洋葱土豆饼

难易度：★★☆

功效：健胃消食

原料：洋葱60克，土豆200克，面粉50克

调料：盐4克，鸡粉2克，芝麻油5毫升，食用油适量

煎土豆饼时，可以在锅里滴少许芝麻油，煎出的饼会更香。

1 洗净去皮的土豆、洋葱切成丝，焯水，捞出。

2 将洋葱、土豆装入碗中，加入盐、鸡粉、芝麻油、面粉，搅拌均匀。

3 取一个盘子，倒入食用油，放入洋葱和土豆，压成饼状，抹上芝麻油，制成土豆饼生坯。

4 煎锅中倒入食用油烧热，放入土豆饼生坯煎至两面金黄。

原料：鸡蛋2个，配方奶粉10克，低筋面粉75克
调料：食用油适量

· · · 做法 · · ·

1 将鸡蛋打开，取蛋清装入碗中，拌匀，至蛋清变成白色。
2 碗中放入配方奶粉、低筋面粉，搅拌片刻，至面粉起劲。
3 注入少许食用油，搅匀，至材料成米黄色，制成牛奶面糊。
4 煎锅中注油烧热，倒入牛奶面糊，摊开，铺匀。
5 用小火煎成饼型，至散发出焦香味。
6 翻转面饼，再煎片刻，至两面熟透即成。

难易度：★★☆
功效：增强免疫力

牛奶薄饼

① ② ③
④ ⑤ ⑥

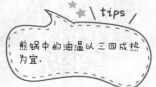

tips

煎锅中的油温以三四成热为宜.

原料：水发黄豆80克，核桃仁、杏仁各25克
调料：冰糖20克

核桃杏仁豆浆

难易度：★★☆

功效：提高免疫力

 做法

1 将已浸泡8小时的黄豆搓洗干净，沥干水分。
2 把黄豆、核桃仁、杏仁、冰糖倒入豆浆机中。
3 注入清水，至水位线即可。
4 盖上豆浆机机头，选择"五谷"程序，打成豆浆。
5 将豆浆机断电，把煮好的豆浆倒入滤网，滤取豆浆。
6 将滤好的豆浆倒入碗中即成。

tips
最好将豆浆多过滤一次，能使豆浆更佳。

苹果蔬菜沙拉

● 难易度：★★☆
● 功效：开胃消食

原料：苹果100克，西红柿150克，黄瓜90克，生菜50克，牛奶30毫升
调料：沙拉酱10克

● ● 做法 ● ●

1 洗净的西红柿切片，洗好的黄瓜切片，洗净的苹果去核，切片。
2 将食材装入碗中，倒入牛奶、沙拉酱，拌匀。
3 把洗好的生菜叶垫在盘底，装入做好的果蔬沙拉即可。

紫甘蓝雪梨玉米沙拉

● 难易度：★★☆
● 功效：健胃消食

原料：紫甘蓝90克，雪梨120克，黄瓜100克，西芹70克，鲜玉米粒85克
调料：盐2克，沙拉酱15克

● ● 做法 ● ●

1 将西芹切丁，黄瓜切丁，雪梨去核，切小块，紫甘蓝切小块。
2 锅中注入清水烧开，放入盐、玉米粒，煮半分钟至断生，加入紫甘蓝，再煮半分钟，捞出，沥干水分。
3 将西芹、雪梨、黄瓜倒入碗中，加入紫甘蓝、玉米粒、沙拉酱，拌匀，将拌好的沙拉盛出，装入碗中即可。

三文鱼蒸饭

● 功效：提高免疫力
● 难易度：★★☆

原料：水发大米150克，金针菇50克，三文鱼50克，葱花、枸杞各少许
调料：盐3克，生抽适量

 做法

1 洗净的金针菇切去根部，切成小段。

2 洗好的三文鱼切丁，加入盐，拌匀，腌渍片刻。

3 取一碗，倒入大米，注入适量清水，加入生抽、鱼肉，拌匀。

4 放入金针菇，拌匀。

5 蒸锅中注水烧开，放上碗，加盖，中火蒸40分钟至熟。

6 揭盖，取出蒸好的饭，撒上葱花，放上枸杞即可。

tips

水要漫过米，否则水量不够，米饭很难熟。

①

②

③

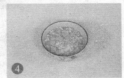
④

⑤

⑥

生蚝焖饭

难易度：★★☆

功效：益智健脑

原料：水发大米300克，生蚝150克，熟白芝麻适量，葱花、姜末、蒜末各少许

调料：生抽5毫升，料酒4毫升，胡椒粉、芝麻油各适量

tips

加入蒜末可以去除生蚝的腥味，这样使其口感更佳。

· · 做法 · ·

1 生蚝加葱花、姜末、蒜末、料酒、生抽，拌匀腌渍。

2 生蚝蒸熟，取出放凉待用。

3 砂锅中注水，倒入大米，用小火煮20分钟至大米熟软。

4 放入生蚝、生抽、芝麻油、胡椒粉，拌匀，用小火焖10分钟至入味，装入碗中，撒上白芝麻即可。

原料：菠菜100克，水发银耳150克，水发大米180克
调料：盐2克，鸡粉2克，食用油适量

1 将洗净的银耳切去黄色根部，再切小块。
2 洗好的菠菜切段。
3 砂锅中注入适量清水，用大火烧开。
4 倒入泡好的大米，搅拌匀，煮30分钟，至大米熟软。
5 放入银耳，拌匀，续煮15分钟，至食材熟烂。
6 放入菠菜、食用油、鸡粉、盐拌匀调味即可。

难易度：★★☆
功效：保护视力

菠菜银耳粥

tips

银耳淡黄色的部分不宜食用，否则可能会引发不良反应。

双米银耳粥

● 难易度：★★☆
● 功效：润肺安神

原料：水发小米120克，水发大米130克，水发银耳100克

● ● ● 做法 ● ● ●

1 将洗好的银耳切去黄色根部，切成小块。
2 砂锅中注入清水烧开，倒入洗净的大米、小米。
3 放入银耳，拌匀，煮30分钟至食材熟透，把煮好的粥盛出，装入汤碗中即可。

菠菜洋葱牛奶羹

● 难易度：★★☆
● 功效：增强记忆力

原料：菠菜90克，洋葱50克，牛奶100毫升

● ● ● 做法 ● ● ●

1 锅中注入清水烧开，放入菠菜，煮约半分钟至断生，捞出，沥干水分。
2 将洋葱切颗粒状，菠菜剁成末。
3 取榨汁机，倒入洋葱粒、菠菜，把食材磨至细末状，即成蔬菜泥；汤锅中注入清水烧热，放入蔬菜泥，拌匀，煮沸，倒入牛奶，煮沸，盛出煮好的羹汁，装在碗中即成。

木耳鸡蛋西蓝花

难易度：★★☆

功效：补血益气

原料：水发木耳40克，鸡蛋2个，西蓝花100克，蒜末、葱段各少许

调料：盐、鸡粉、生抽、料酒、水淀粉、食用油各适量

tips

炒鸡蛋时，油温要高一点儿，这样炒出的鸡蛋比较嫩滑。

•• 做法 ••

1 洗好的木耳、西蓝花切块，焯水。

2 鸡蛋打入碗中，加盐，打散、调匀，炒熟，盛出备用。

3 锅中注油，放蒜末、葱段爆香；倒入木耳和西蓝花，炒匀。

4 放料酒、鸡蛋、盐、鸡粉、生抽、水淀粉快速炒匀即可。

原料：猕猴桃70克，水发银耳100克
调料：冰糖20克

•• 做法 ••

1 泡发好的银耳切去黄色根部，再切小块。
2 洗净去皮的猕猴桃切片，备用。
3 银耳焯水，捞出，沥干水分，备用。
4 砂锅中注水烧开，放入焯过水的银耳，用小火煮10分钟。
5 放入猕猴桃、冰糖，煮至溶化。
6 搅拌均匀，使味道更均匀，盛入碗中即可。

难易度：★★☆
功效：润肺生津

猕猴桃银耳羹

\ tips \

猕猴桃不宜煮过久，以免影响口感。

茭白炒鸡蛋

● 功效：润肠通便
● 难易度：★★☆

原料：茭白200克，鸡蛋3个，葱花少许
调料：盐3克，鸡粉3克，水淀粉5毫升，食用油适量

··· 做法 ···

1 洗净去皮的茭白切成片，焯水，捞出。

2 鸡蛋打入碗中，放入少许盐、鸡粉，调匀，炒熟。

3 锅底留油，将茭白倒入锅中，翻炒片刻。

4 放入盐、鸡粉，炒匀调味。

5 倒入炒好的鸡蛋，略炒几下；加入葱花，翻炒匀。

6 淋入水淀粉快速翻炒均匀，盛入盘中即可。

\ tips /

鸡蛋要再次入锅炒，所以
第一次不宜炒太久，以免
炒得太老.

核桃枸杞肉丁

● 难易度：★★☆
● 功效：补铁

原料：核桃仁40克，瘦肉120克，枸杞5克，姜片、蒜末、葱段各少许

调料：盐、鸡粉各少许，食粉2克，料酒4毫升，水淀粉、食用油各适量

● ● 做法 ● ●

1 将洗净的瘦肉切丁。

2 肉丁装入碗，放入盐、鸡粉、水淀粉、食用油，拌匀；锅中放清水，加食粉、核桃仁，去外衣；热锅注油，放核桃仁，炸香，锅留底油，放入姜片、蒜末、葱段、瘦肉丁、料酒、枸杞、盐、鸡粉、核桃仁，炒熟即成。

茄汁莲藕炒鸡丁

● 难易度：★★☆
● 功效：开胃消食

原料：西红柿100克，莲藕130克，鸡胸肉200克，蒜末、葱段各少许

调料：盐、鸡粉、水淀粉、白醋、番茄酱、白糖、料酒、食用油各适量

● ● 做法 ● ●

1 莲藕切丁；西红柿切小块；鸡胸肉切丁，装碗，加盐、鸡粉、水淀粉、食用油，拌匀腌渍。

2 锅中注水烧开，加盐、白醋，放入藕丁煮熟捞出；用油起锅，放蒜末、葱段爆香，放入鸡肉、料酒、西红柿、莲藕炒熟，加番茄酱、盐、白糖炒匀调味即成。

茄汁鸡肉丸

原料：鸡胸肉200克，马蹄肉30克

调料：盐、鸡粉、白糖、番茄酱、水淀粉、食用油各适量

 做法

1 将洗好的马蹄肉剁末。

2 洗净的鸡胸肉切丁。

3 取来搅拌机，放入肉丁，绞成肉末，放在碗中。

4 肉末中加盐、鸡粉、水淀粉、马蹄肉，拌匀，使肉末起劲。

5 锅中注油烧热，制成若干等份的小肉丸，炸熟，捞出。

6 锅底留油，放入番茄酱、白糖拌溶化；倒入肉丸，炒至入味，淋上水淀粉勾芡即成。

\ tips /

切马蹄时，不要拍碎了再剁成末，以免营养物质流失。

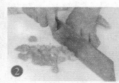
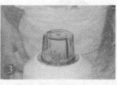
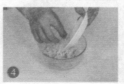

紫苏烧鲤鱼

难易度：★★☆

功效：清热解毒

原料：鲤鱼1条，紫苏叶30克，姜片、蒜末、葱段各少许

调料：盐、鸡粉、生粉、生抽、水淀粉、食用油各适量

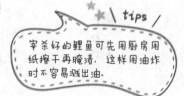

tips

宰杀好的鲤鱼可先用厨房用纸擦干再腌渍，这样用油炸时不容易溅出油。

做法

1 洗净的紫苏叶切成段；在处理好的鲤鱼撒上盐、鸡粉、生粉，腌渍。

2 热锅注油烧热，放入鲤鱼，炸至金黄色，装入盘中，备用。

3 锅底留油，放姜片、蒜末、葱段爆香；注水，加生抽、盐、鸡粉、鲤鱼，煮2分钟至入味。

4 倒入紫苏叶，继续煮片刻至熟软；把鲤鱼装入盘中，把锅中的汤汁加热，淋入适量的水淀粉勾芡，浇在鱼身上即可。

功效：增强免疫力

难易度：★★☆

桂圆炒虾球

原料：虾仁200克，桂圆肉180克，胡萝卜片、姜片、葱段各少许
调料：盐3克，鸡粉3克，料酒10毫升，水淀粉16毫升，食用油适量

做法

1 洗净的虾仁由背部切开，去除虾线，加盐、鸡粉、水淀粉、食用油，腌渍入味。
2 虾仁焯水，捞出，滑油片刻。
3 锅底留油，放入胡萝卜片、姜片、葱段，爆香。
4 倒入桂圆肉、虾仁，淋入料酒，炒匀。
5 加入少许鸡粉、盐，炒匀。
6 倒入适量水淀粉拌炒片刻，至食材入味即可。

tips

虾仁滑油时宜用小火，时间不可太长。

虾仁四季豆

● 难易度：★★☆
● 功效：开胃消食

原料：四季豆200克，虾仁70克，姜片、蒜末、葱白各少许

调料：盐4克，鸡粉3克，料酒4毫升，水淀粉、食用油各适量

● · · 做法 · · ●

1 四季豆切段，虾仁去虾线；虾仁装碗，放盐、鸡粉、水淀粉、食用油。
2 锅中注水，加食用油、盐、四季豆，煮至断生；用油起锅，放姜片、蒜末、葱白、虾仁、四季豆、料酒、盐、鸡粉、水淀粉，拌匀，炒熟即可。

白灵菇炒鸡丁

● 难易度：★★☆
● 功效：养胃生津

原料：白灵菇200克，彩椒60克，鸡胸肉230克，姜片、蒜末、葱花各少许

调料：盐4克，鸡粉4克，料酒5毫升，水淀粉12毫升，食用油适量

● · · 做法 · · ●

1 彩椒、白灵菇切丁，洗净的鸡胸肉切丁；将鸡胸肉放碗中，加盐、鸡粉、水淀粉、食用油，拌匀。
2 热锅注油，倒入鸡肉丁，滑油至变色，捞出；锅底留油，倒姜片、蒜末、葱花、彩椒、白灵菇、鸡肉丁、料酒、盐、鸡粉、水淀粉炒熟即可。

糖醋菠萝藕丁

难易度：★★☆

功效：开胃消食

原料：莲藕100克，菠萝150克，豌豆30克，枸杞、蒜末、葱花各少许

调料：盐、白糖、番茄酱、食用油各适量

tips

菠萝去皮后可以放在淡盐水里浸泡一会儿，可去除其涩味。

 做法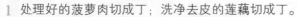

1 处理好的菠萝肉切成丁；洗净去皮的莲藕切成丁。

2 藕丁、豌豆、菠萝丁焯水，捞出，沥干水分。

3 用油起锅，倒入蒜末，爆香；倒入焯过水的食材，快速翻炒均匀。

4 加入适量白糖、番茄酱、盐，翻炒匀，撒入备好的枸杞、葱花翻炒片刻，炒出葱香味即可。

原料：鲜玉米粒100克，水发山楂20克，姜片、葱段各少许
调料：盐3克，鸡粉2克，水淀粉、食用油各适量

1 锅中注入适量清水，用大火烧开，加入适量盐，倒入玉米粒，搅拌几下，焯煮1分钟。
2 放入泡发洗好的山楂，焯煮片刻。
3 捞出焯煮好的玉米粒和山楂，沥干水分，装入盘中备用。
4 另起锅，注入适量食用油，烧热后下入姜片、葱段，炒香。
5 倒入焯煮好的玉米和山楂，快速拌炒匀。
6 加入盐、鸡粉、水淀粉快速拌炒入味即成。

难易度：★★☆
功效：健脾止泻

山楂玉米粒

tips

烹饪此菜时，还可搭配青菜一起炒。

莴笋烧板栗

难易度：★★☆

功效：增强免疫力

原料：莴笋200克，板栗肉100克，蒜末、葱段各少许
调料：盐3克，蚝油7克，水淀粉、芝麻油、食用油各适量

· · · 做法 · · ·

1 将洗净去皮的莴笋切滚刀块。
2 板栗肉、莴笋块焯水，捞出。
3 用油起锅，放入蒜末、葱段，爆香；倒入板栗和莴笋，炒香。
4 放入蚝油炒匀，注水，加入盐，搅匀调味。
5 盖上盖，用小火焖煮约7分钟，至食材熟透。
6 倒入水淀粉、芝麻油，炒至入味即成。

tips

板栗肉质较硬，焯煮的时间可长一些，这样能缩短烹饪的时间。

糙米豆浆

难易度：★★☆

功效：提高免疫力

原料：水发黄豆70克，糙米35克

调料：冰糖适量

tips

泡发黄豆时可以用温水，能缩短泡发的时间。

做法

1 将浸泡好的糙米、黄豆搓洗干净，倒入滤网，沥干水分。

2 将食材倒入豆浆机中，加冰糖、清水，至水位线即可。

3 选择"五谷"程序，打成豆浆。

4 将豆浆机断电，取下机头，把煮好的豆浆倒入滤网，用汤匙搅拌，滤取豆浆倒入碗中即成。

莲子花生豆浆

● 难易度：★★☆
● 功效：清热解毒

原料：水发莲子80克，水发花生75克，水发黄豆120克
调料：白糖20克

 做法

1 取榨汁机，倒入泡发洗净的黄豆，加入矿泉水，榨取黄豆汁。
2 把榨好的黄豆汁盛出，滤入碗中。
3 把洗好的花生、莲子装入搅拌杯中，加入矿泉水，榨成汁。
4 把榨好的莲子花生汁倒入碗中。
5 将榨好的汁倒入砂锅中，煮沸，放入白糖。
6 拌匀，煮至白糖溶化，将煮好的豆浆盛出，装入碗中即可。

tips

花生的红衣含有较多的营养成分，可以不用去掉.

黑豆芝麻豆浆

● 难易度：★★☆
● 功效：益智健脑

原料：水发黑豆110克，水发花生米100克，黑芝麻20克

调料：白糖20克

滤取豆汁时最好用网格细密的滤网，以免杂质太多，影响口感。

<!-- 做法 -->

做法

1 取榨汁机，注入清水，放入洗净的黑豆，榨取黑豆汁，滤入碗中。

2 取榨汁机，倒入黑芝麻、花生米、黑豆汁，榨成生豆浆。

3 汤锅置旺火上，倒入搅拌好的生豆浆，煮约1分钟，至汁水沸腾。

4 掠去浮沫，撒上白糖，拌匀，煮至糖分完全溶化即成。

原料：山药20克，紫薯15克，水发黄豆50克

紫薯山药豆浆

难易度：★★☆

功效：开胃消食

 做法

1 洗净去皮的山药切成滚刀块，待用；洗好的紫薯对半切开，再切块，备用。

2 将已浸泡8小时的黄豆倒入碗中，注入适量清水，搓洗干净。

3 把洗好的黄豆倒入滤网，沥干水分。

4 将备好的紫薯、山药、黄豆倒入豆浆机中。

5 注入适量清水，至水位线即可。

6 盖上豆浆机机头，打出豆浆，倒入滤网中，滤取豆浆即可。

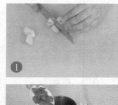
①

②

③

④

⑤

⑥

tips

黄豆最好用温水泡软后再搅拌，这样更容易搅拌成碎末。

Part 3

长个儿这样吃，

孩子快长高不仅仅是祝愿

　　如果爸爸妈妈们希望自己的孩子长得高高、头脑聪明、胃口好、睡眠好、不生病，那就赶紧来看这些儿童功能食谱吧！在本章中，我们分别为您介绍补锌、补铁、补钙、健脑益智、增强记忆力、提高免疫力、开胃消食、清肝明目、帮助睡眠、健齿固齿食谱以及应考食谱。另外，我们精选的每一道食谱既营养丰富又美味可口，还颜色靓丽、造型可人，非常符合孩子们的饮食要求。还等什么呢，快来试试吧！

酸甜西红柿焖排骨

- 难易度：★★☆
- 功效：增高助长

原料：排骨段350克，西红柿120克，蒜末、葱花各少许

调料：生抽4毫升，盐2克，鸡粉2克，料酒、番茄酱、红糖、水淀粉、食用油各适量

 做法

1 西红柿煮至表皮裂开，捞出放凉后去皮，切块；排骨段氽水，捞出。
2 用油起锅，放蒜末爆香；放排骨段、料酒，炒匀。
3 加生抽、水、盐、鸡粉、红糖、西红柿、番茄酱，炒匀，小火焖煮4分钟，倒入水淀粉拌匀，撒葱花即可。

鸡肉蒸豆腐

- 难易度：★★☆
- 功效：益智健脑

原料：豆腐350克，鸡胸肉40克，鸡蛋50克
调料：盐、芝麻油各少许

 做法

1 洗好的鸡胸肉切片，剁成肉末；鸡蛋打散，制成蛋液；鸡肉末加蛋液、盐，拌至起劲，制成肉糊。
2 豆腐焯水，剁成细末，加芝麻油，搅拌匀，制成豆腐泥，装入蒸盘，铺平，倒入肉糊，待用。
3 蒸锅上火烧开，放入蒸盘，用中火蒸至食材熟透，取出蒸盘，待稍微放凉即可食用。

功效：补钙

难易度：★★☆

生蚝豆腐汤

原料：豆腐200克，生蚝肉120克，鲜香菇40克，姜片、葱花各少许

调料：盐3克，鸡粉、胡椒粉各少许，料酒4毫升，食用油适量

\ tips /

放入豆腐后搅拌的动作要轻一些，以免将豆腐弄碎。

做法

1 将洗净的香菇切成粗丝。

2 洗好的豆腐成小方块，生蚝肉洗净，分别氽水。

3 用油起锅，放入姜片爆香；倒入香菇丝，翻炒匀；放入生蚝肉，翻炒几下；淋入料酒，炒香、炒透，注入约600毫升清水，用大火煮一会儿至汤汁沸腾。

4 倒入豆腐块，加入盐、鸡粉，拌匀调味，待汤汁沸腾时撒上少许胡椒粉，续煮入味，盛入碗中，撒上葱花即成。

虾皮炒冬瓜

难易度：★★☆

功效：清热解毒

原料：冬瓜170克，虾皮60克，葱花少许
调料：料酒、水淀粉各少许，食用油适量

· · · 做法 · · ·

1 将洗净去皮的冬瓜切成小丁块，备用。
2 锅内倒入适量食用油，放入虾皮，拌匀。
3 淋入少许料酒，炒匀提味。
4 放入冬瓜，炒匀；注入少许清水，翻炒匀。
5 盖上锅盖，用中火煮3分钟至食材熟透。
6 倒入少许水淀粉，翻炒均匀，装入盘中，撒上葱花即可。

\ tips /

冬瓜块不宜切得太大，否则不易熟透。

茼蒿炒豆腐

● 难易度：★★☆
● 功效：健胃消食

原料：鸡蛋2个，豆腐200克，茼蒿100克，蒜末少许

调料：盐3克，水淀粉9毫升，生抽10毫升，食用油适量

• • 做法 • •

1 鸡蛋加盐、水淀粉，打散调匀；洗好的豆腐切块，焯水；洗净的茼蒿切成段；蛋液炒熟。
2 锅中注油烧热，放入蒜末，倒入茼蒿，炒至熟软。
3 放入豆腐、鸡蛋、生抽、盐、水、水淀粉快速炒匀，盛出即可。

南瓜炒虾米

● 难易度：★★☆
● 功效：补钙增高

原料：南瓜200克，虾米20克，鸡蛋2个，姜片、葱花各少许

调料：盐3克，生抽2毫升，鸡粉、食用油各适量

• • 做法 • •

1 洗净去皮的南瓜切片，焯水；鸡蛋放入少许盐，打散，炒熟。
2 炒锅注油烧热，放入姜片，爆香；加入虾米，翻炒出香味；倒入焯过水的南瓜，翻炒均匀。
3 放盐、鸡粉、生抽、鸡蛋炒匀；关火后盛出，撒上葱花即可。

大良炒牛奶

难易度：★★☆

功效：增强免疫力

①

原料： 牛奶150毫升，鸡蛋2个，虾仁35克，杏仁25克，熟鸡肝40克，火腿15克

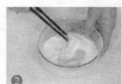
②

tips

牛奶入锅后，可用锅铲顺一个方向搅动，这样能加速牛奶的凝固。

调料： 盐3克，鸡粉3克，水淀粉3毫升，生粉20克，食用油适量

 做法

③

1 熟鸡肝切丁；火腿切粒；洗净的虾仁去虾线，加盐、鸡粉、水淀粉，拌匀；鸡蛋取蛋清，备用。

2 取部分牛奶加入生粉，调匀，倒入剩余的牛奶中，淋入蛋清，加盐、鸡粉，调匀。

3 杏仁、火腿粒、鸡肝、虾仁炸香。

4 锅底留油，倒入牛奶炒匀；放入鸡肝和虾仁炒匀，装入盘中，撒上杏仁，放入火腿粒即可。

④

原料：腰果50克，大白菜350克，葱条20克
调料：盐2克，鸡粉2克，水淀粉、食用油各适量

• • 做法 • •

1 将洗净的大白菜切成小块，待用。
2 热锅注油，烧至三成热，放入腰果，炸出香味，捞出，装入盘中，备用。
3 锅底留油，放入葱条，爆香。
4 将葱条捞出，放入大白菜，翻炒匀。
5 加入盐、鸡粉，炒匀调味。
6 倒入适量水淀粉拌炒均匀，盛入碗中，放上腰果即成。

功效：增强免疫力
难易度：★★☆

腰果葱油白菜心

tips

炸腰果时宜用小火，以免炸焦。

原料：豆腐130克，西红柿60克，草鱼肉60克，姜末、蒜末、葱花各少许
调料：番茄酱10克，白糖6克，食用油适量

鱼泥西红柿豆腐

难易度：★★☆
功效：增高助长

· · 做法 · ·

1 把洗好的豆腐压烂，剁成泥；将洗净的草鱼肉切成丁。

2 洗好的西红柿去蒂。

3 烧开蒸锅，放入鱼肉、西红柿蒸熟，取出剁成泥。

4 用油起锅，下入姜末、蒜末，爆香。

5 倒入鱼肉泥，拌炒片刻；倒入豆腐泥，拌炒匀。

6 加入番茄酱、清水、西红柿、白糖，拌炒均匀，装入碗中，撒上葱花即可。

tips
番茄酱不要加太多，以免掩盖食材本身的鲜味。

核桃仁芹菜炒香干

难易度：★★☆

功效：开胃消食

原料：香干120克，胡萝卜70克，核桃仁35克，芹菜段60克

调料：盐2克，鸡粉2克，水淀粉、食用油各适量

tips

核桃仁不宜炸太久，以免降低其营养价值。

做法

1 将洗净的香干切细条形；洗好的胡萝卜切粗丝，备用。

2 热锅注油，烧至三四成热，倒入备好的核桃仁，拌匀，炸出香味，捞出待用。

3 用油起锅，倒入洗好的芹菜段、胡萝卜丝、香干炒匀。

4 加盐、鸡粉、水淀粉，翻炒至食材入味，倒入炸好的核桃仁，炒匀，关火后盛出炒好的菜肴，装入盘中即可。

功效：健脾止泻

难易度：★★☆

蓝莓山药泥

原料：山药180克，蓝莓酱15克
调料：白醋适量

做法

1 将去皮洗净的山药切成块，浸入清水中，加入白醋拌匀，去除黏液。

2 将山药捞出，装盘备用。

3 把山药放入烧开的蒸锅中，用中火蒸15分钟至熟。

4 揭盖，把蒸熟的山药取出。

5 把山药倒入大碗中，先用勺子压烂，再用木锤捣成泥。

6 取一个干净的碗，放入山药泥，再放上蓝莓酱即可。

tips

蓝莓酱不要加太多，以免过甜，掩盖山药本身的味道。

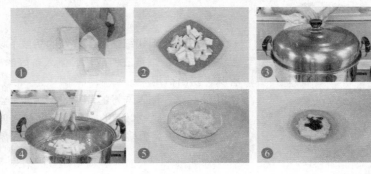

胡萝卜炒蛋

难易度：★★☆

功效：增强记忆力

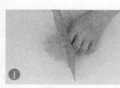

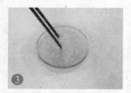

原料：胡萝卜100克，鸡蛋2个，葱花少许

调料：盐4克，鸡粉2克，水淀粉、食用油各适量

tips

炒制鸡蛋时，要控制好火候，以免鸡蛋烧焦，影响其口感。

• • • 做法 • • •

1 将去皮洗净的胡萝卜切成粒，焯水。

2 鸡蛋打入碗中，打散调匀。

3 把胡萝卜粒倒入蛋液中，加入盐、鸡粉、水淀粉、葱花，搅拌匀。

4 用油起锅，倒入调好的蛋液搅拌，翻炒至成型，盛出，装盘即可。

功效：增强免疫力

难易度：★★☆

玉子虾仁

原料：日本豆腐110克，虾仁60克，豌豆50克
调料：盐、鸡粉、生粉、老抽、生抽、水淀粉、食用油各适量

做法

1 将日本豆腐切小块。

2 洗净的虾仁放盐、鸡粉、水淀粉，拌匀。

3 把日本豆腐摆在盘中，撒上生粉，放上虾仁、豌豆，再撒上盐，制成玉子虾仁，静置片刻。

4 蒸锅上火烧开，放入玉子虾仁，蒸熟，取出。

5 另起油锅烧热，加入清水、生抽、老抽、盐、鸡粉，拌匀。

6 倒入水淀粉，制成味汁，浇在蒸好的玉子虾仁上即成。

tips

在玉子虾仁上撒盐时，可以使用细格的滤网筛入。

山药木耳炒核桃仁

● 难易度：★★☆
● 功效：清热解毒

原料：山药90克，水发木耳40克，西芹50克，核桃仁30克，白芝麻少许

调料：盐3克，白糖10克，生抽3毫升，水淀粉4毫升，食用油适量

●•• 做法 •••

1 山药切片，木耳、西芹切小块；分别焯水，捞出沥干水分。

2 用油起锅，放核桃仁炸香；锅底留油，放白糖、核桃仁、白芝麻稍炸，放山药、木耳、西芹炒匀，加盐、生抽、白糖、水淀粉，炒匀调味即可。

肉末木耳

● 难易度：★★☆
● 功效：增强免疫力

原料：肉末70克，水发木耳35克，胡萝卜40克

调料：盐少许，生抽、高汤、食用油各适量

●•• 做法 •••

1 将洗净的胡萝卜切粒；把水发好的木耳切粒。

2 用油起锅，倒入肉末，炒至转色，加入生抽、胡萝卜，炒匀，放入木耳、高汤，炒匀。

3 加入盐，将锅中食材炒匀调味，把炒好的材料盛出，装入碗中即可。

豆腐蒸鹌鹑蛋

功效：开胃消食
难易度：★★☆

原料：豆腐200克，熟鹌鹑蛋45克，肉汤100毫升
调料：鸡粉2克，盐少许，生抽4毫升，水淀粉、食用油各适量

 做法

1 洗好的豆腐切成条形。

2 熟鹌鹑蛋去皮，对半切开。

3 把豆腐装入蒸盘，挖小孔，再放入鹌鹑蛋，摆好，撒上盐。

4 蒸锅上火烧开，放入蒸盘，用中火蒸约5分钟至熟，取出。

5 用油起锅，放肉汤、生抽、鸡粉、盐，搅匀。

6 倒入水淀粉，搅匀，制成味汁，浇在豆腐上即可。

tips

在豆腐上挖孔时，力度可以轻一些，以免造成将豆腐弄破。

鱿鱼丸子

难易度：★★☆

● 功效：增强免疫力

原料：鱿鱼120克，花菜130克，洋葱100克，南瓜80克，肉馅90克，葱花少许

调料：盐3克，鸡粉4克，生粉、黑芝麻油、叉烧酱、水淀粉、食用油各适量

tips

叉烧酱不宜加过多，以免掩盖食材本身的味道。

 做法

1 花菜洗净切块；南瓜切小块；洋葱剁成末；鱿鱼剁成泥。

2 花菜、南瓜焯水；鱿鱼肉加盐、鸡粉、生粉、洋葱末、黑芝麻油、葱花，拌匀。

3 将肉馅挤成肉丸，放入沸水锅中煮熟，捞出；将花菜、南瓜、肉丸摆入盘中。

4 用油起锅，放清水、叉烧酱、盐、鸡粉、水淀粉，调成稠汁，浇在盘中食材上即可。

功效：补铁

难易度：★★☆

虾菇油菜心

原料：小油菜100克，鲜香菇60克，虾仁50克，姜片、葱段、蒜末各少许
调料：盐、鸡粉各3克，料酒3毫升，水淀粉、食用油各适量

 做法

1 将洗净的香菇切成小片；小油菜、香菇焯水。
2 洗好的虾仁挑去虾线，放盐、鸡粉、水淀粉、食用油，腌渍。
3 用油起锅，放入姜片、蒜末、葱段，爆香。
4 倒入香菇、虾仁、料酒，翻炒一会儿至虾身呈淡红色。
5 加入盐、鸡粉调味，炒熟。
6 取一个盘子，摆上小油菜，再盛出锅中的食材即成。

tips

小油菜的根部最好切开后再焯煮，这样可以去除根部的涩口味道。

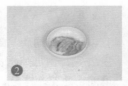

蛤蜊蒸蛋

● 难易度：★★☆
● 功效：健胃消食

原料：鸡蛋2个，蛤蜊肉90克，姜丝、葱花各少许

调料：盐1克，料酒2毫升，生抽7毫升，芝麻油2毫升

做法

1 将蛤蜊肉装入碗中，放入姜丝、料酒、生抽、芝麻油，拌匀；鸡蛋打入碗中，加入盐、清水，搅拌，把蛋液倒入碗中，放入蒸锅中，蒸10分钟。
2 在蒸熟的鸡蛋上放上蛤蜊肉，蒸2分钟，把蒸好的蛤蜊鸡蛋取出，淋入生抽，撒上葱花即可。

西红柿煮口蘑

● 难易度：★★☆
● 功效：益智健脑

原料：西红柿150克，口蘑80克，姜片、蒜末、葱段各少许

调料：料酒3毫升，鸡粉2克，盐、食用油各适量

做法

1 口蘑切成片，西红柿对去蒂，切成小块。
2 锅中注水烧开，加盐、口蘑，煮1分钟至断生，捞出；用油起锅，放入姜片、蒜末、口蘑炒匀，加料酒、西红柿炒匀，加清水、葱段、盐、鸡粉，炒熟，盛出即成。

韭黄炒牡蛎

● 难易度：★ ★ ☆
● 功效：益智健脑

原料：牡蛎肉400克，韭黄200克，姜片、蒜末、葱花各少许

调料：生粉15克，生抽8毫升，鸡粉、盐、料酒、食用油各适量

做法

1 韭黄洗净切段。
2 把牡蛎肉装入碗中，加入料酒、鸡粉、盐、生粉，拌匀；锅中注入清水，倒入牡蛎，略煮片刻，捞出。
3 热锅注油，放入姜片、蒜末、葱花、牡蛎炒匀，加生抽、料酒、韭黄段、鸡粉、盐，炒熟即成。

金针菇拌黄瓜

● 难易度：★ ★ ☆
● 功效：清热解毒

原料：金针菇110克，黄瓜90克，胡萝卜40克，蒜末、葱花各少许

调料：盐3克，食用油2毫升，陈醋3毫升，生抽5毫升，鸡粉、辣椒油、芝麻油各适量

做法

1 黄瓜、胡萝卜、金针菇洗净切好。
2 锅中注水，放食用油、盐、胡萝卜、金针菇，煮至熟透；加盐、金针菇、胡萝卜、蒜末、葱花、鸡粉、陈醋、生抽、辣椒油、芝麻油，拌匀即可。

莴笋炒蛤蜊

难易度：★★☆

● 功效：增强免疫力

原料：莴笋、胡萝卜各100克，熟蛤蜊肉80克，姜片、蒜末、葱段各少许

调料：盐、鸡粉、蚝油、料酒、水淀粉、食用油各适量

tips

熟蛤蜊肉可用料酒腌渍一会儿，能去除其腥味，还能为菜肴增添风味。

••• 做法 •••

1 将洗净去皮的胡萝卜、莴笋切片，焯水。

2 用油起锅，放姜片、蒜末、葱段，爆香。

3 倒入熟蛤蜊肉、料酒、莴笋片、胡萝卜片，用大火炒匀，至食材熟软。

4 转小火，放入蚝油、盐、鸡粉、水淀粉，炒熟即成。

原料：猪肝160克，花菜200克，胡萝卜片、姜片、蒜末、葱段各少许
调料：盐、鸡粉、生抽、料酒、水淀粉、食用油各适量

•• 做法 ••

1 将洗净的花菜切成小朵，焯水。
2 洗好的猪肝切片，加盐、鸡粉、料酒、食用油，腌渍入味。
3 用油起锅，放入胡萝卜片、姜片、蒜末、葱段，用大火爆香。
4 到入猪肝，翻炒至其松散、转色。
5 倒入焯好的花菜，淋上少许料酒，炒香、炒透。
6 转小火，加入盐、鸡粉，淋入生抽、水淀粉，翻炒均匀即成。

猪肝炒花菜

难易度：★★☆

功效：补铁补血

\ tips /

清洗猪肝时，加白醋，去除表面黏液。

鳕鱼蒸鸡蛋

难易度：★★☆

功效：开胃消食

原料：鳕鱼100克，鸡蛋2个，南瓜
150克

调料：盐1克

tips

鳕鱼块可以先切小块再蒸，
这样能缩短蒸煮的时间。

做法

1 将洗净的南瓜切成片；鸡蛋打散调匀。

2 烧开蒸锅，放入南瓜、鳕鱼，蒸熟，取出，分别剁成泥状。

3 在蛋液中加入南瓜、部分鳕鱼，放入盐，搅拌匀。

4 将拌好的材料装入另一个碗中，放在烧开的蒸锅内，用小火
蒸8分钟，取出，再放上剩余的鳕鱼肉即可。

原料：草鱼肉80克，胡萝卜70克，高汤200毫升，葱花少许
调料：盐少许，水淀粉、食用油各适量

炖鱼泥

●难易度：★★☆
●功效：开胃消食

 做法

1 将洗净的胡萝卜切成片。
2 洗好的草鱼肉切成片，装入碗中，倒入高汤。
3 将鱼肉和胡萝卜蒸熟，取出，分别剁成末。
4 用油起锅，倒入适量高汤和蒸鱼留下的鱼汤。
5 放入鱼肉、胡萝卜、盐、水淀粉，拌匀煮沸。
6 盛入碗中，放入少许胡萝卜末，撒上葱花即成。

tips
鱼肉味道鲜美，不宜加太多高汤，以免影响其本身的鲜味。

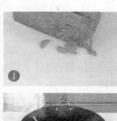

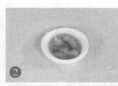

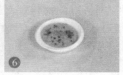

香煎三文鱼

● 难易度：★ ★ ☆
● 功效：益智健脑

原料：三文鱼180克，葱条、姜丝各少许

调料：盐2克，生抽4毫升，鸡粉、白糖各少许，料酒、食用油各适量

· · 做法 · ·

1 将洗净的三文鱼装入碗中，加入生抽、盐、鸡粉、白糖、姜丝、葱条、料酒，抓匀，腌渍15分钟。

2 炒锅中注入食用油烧热，放入三文鱼，煎约1分钟，煎至金黄色。

3 把煎好的三文鱼盛出，装入盘中。

香煎银鳕鱼

● 难易度：★ ★ ☆
● 功效：增强免疫力

原料：鳕鱼180克，姜片少许

调料：生抽2毫升，盐1克，料酒3毫升，食用油适量

· · 做法 · ·

1 取一个干净的碗，放入洗好的鳕鱼，加入姜片、生抽、盐、料酒，抓匀，腌渍10分钟。

2 煎锅中注入食用油，放入鳕鱼，煎约1分钟，至煎出焦香味。

3 翻面，煎约1分钟至鳕鱼呈焦黄色，把煎好的鳕鱼块盛出装盘即可。

菠萝炒鱼片

难易度：★★☆

功效：开胃消食

原料：菠萝肉75克，草鱼肉150克，姜片、蒜末、葱段各少许
调料：豆瓣酱、盐、鸡粉、料酒、水淀粉、食用油各适量

 做法

1 将菠萝肉洗净切片。
2 把草鱼肉切片，加盐、鸡粉、水淀粉、食用油，腌渍入味。
3 热锅注油烧热，放入鱼片，滑油至断生，捞出待用。
4 用油起锅，放姜片、蒜末、葱段爆香；倒入菠萝肉，炒匀。
5 倒入鱼片，加入盐、鸡粉，放入豆瓣酱。
6 淋入料酒，倒入水淀粉翻炒入味即成。

\ tips /
菠萝切好后要放在淡盐水中浸泡一会儿，以消除其涩口的味道。

五香鲅鱼

难易度：★★☆

功效：增强免疫力

原料：鲅鱼块500克，面包糠15克，蛋黄20克，香葱、姜片各少许

调料：五香粉、盐、生抽、鸡粉、料酒、食用油各适量

tips
炸好的鱼块可以用吸油纸吸去多余的油分，以免吃起来觉得太油腻。

做法

1 取一个碗，倒入鲅鱼块，加五香粉、姜片、香葱、盐、生抽、鸡粉、料酒，拌匀腌渍。

2 拣出香葱，倒入蛋黄，搅拌均匀，待用。

3 锅中倒入适量食用油，烧至五成热。

4 将鱼块裹上面包糠，放入油锅中，搅匀，炸至金黄色，捞出，装入盘中即可。

鲜菇蒸虾盏

- 难易度：★★☆
- 功效：开胃消食

原料：鲜香菇70克，虾仁60克，香菜叶少许
调料：盐3克，鸡粉2克，生粉12克，黑芝麻油4毫升，胡椒粉、水淀粉、食用油各适量

•• 做法 ••

1 虾仁洗净去虾线，剁成泥，加盐、鸡粉、胡椒粉、水淀粉搅拌，制成虾胶。
2 香菜叶洗净，香菇洗净焯水，捞出，放生粉、虾胶、香菜叶，制成虾盏，放在蒸盘中，蒸熟，取出。
3 用油起锅，注水烧热，加盐、鸡粉、水淀粉、黑芝麻油，搅匀，制成味汁，浇在虾盏上即成。

清炒时蔬鲜虾

- 难易度：★★☆
- 功效：补钙

原料：西葫芦100克，鲜百合25克，虾仁40克，姜末、葱末各少许
调料：盐4克，鸡粉2克，料酒3毫升，水淀粉、食用油各适量

•• 做法 ••

1 西葫芦洗净切片；虾仁洗净去虾线，切块，放盐、鸡粉、水淀粉、油，腌渍。
2 西葫芦片和洗净的百合焯水。
3 用油起锅，倒入姜末、葱末爆香；倒入虾肉丁翻炒，加料酒、焯过的食材、盐、鸡粉，炒熟，盛出即成。

猕猴桃炒虾球

功效：开胃消食

难易度：★★☆

原料：猕猴桃60克，鸡蛋1个，胡萝卜70克，虾仁75克

调料：盐4克，水淀粉、食用油各适量

tips
炸虾仁时，要控制好时间和火候，以免炸得过老，影响成品口感。

做法

1 将去皮洗净的猕猴桃切成小块；洗好的胡萝卜切成丁，焯水，捞出备用。

2 虾仁去除虾线，加盐、水淀粉抓匀，腌渍，炸香。

3 鸡蛋打入碗中，加盐、水淀粉打散，调匀，炒熟。

4 用油起锅，倒入胡萝卜、虾仁，拌炒匀；倒入鸡蛋、盐、猕猴桃、水淀粉炒至入味，盛出装盘即可。

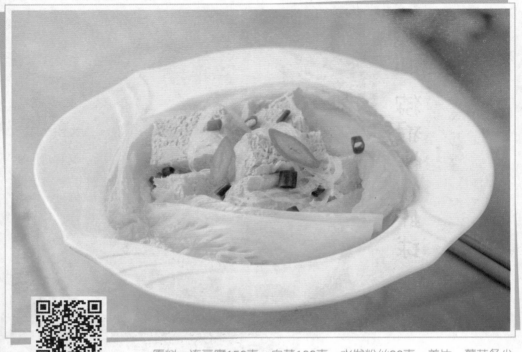

白菜炖豆腐

功效：清热解毒

难易度：★★☆

原料：冻豆腐150克，白菜100克，水发粉丝90克，姜片、葱花各少许，高汤450毫升

调料：盐3克，鸡粉2克，料酒4毫升，食用油适量

·· 做法 ··

1 将洗净的白菜切去根部。

2 洗好的冻豆腐切长条块，备用。

3 砂锅置火上，倒油烧热，放入姜片，爆香。

4 注入高汤，煮沸。

5 倒入白菜、冻豆腐、水，加盐、鸡粉、料酒、粉丝，搅拌匀。

6 转小火煮约15分钟，搅拌几下，装入盘中，撒上葱花即成。

tips

冻豆腐不宜切得太小，以免失去韧劲。

蘑菇竹笋豆腐

● 难易度：★ ★ ☆
● 功效：益智健脑

原料：豆腐400克，竹笋50克，口蘑60克，葱花少许

调料：盐少许，水淀粉4毫升，鸡粉2克，生抽、老抽、食用油各适量

• • 做法 • •

1 洗净的豆腐切块；洗好的口蘑、竹笋切成丁。
2 口蘑、竹笋、豆腐焯水，捞出。
3 锅中倒入适量食用油，放入焯过水的食材，翻炒匀；加水、盐、鸡粉、生抽、老抽，炒匀，撒上葱花即可。

豌豆苗炒豆皮丝

● 难易度：★ ★ ☆
● 功效：开胃消食

原料：豌豆苗100克，豆皮200克，胡萝卜25克，蒜末、葱花各少许

调料：盐3克，鸡粉2克，生抽5毫升，水淀粉5毫升，食用油适量

• • 做法 • •

1 将洗净去皮的胡萝卜切成丝，豆皮切成丝。
2 胡萝卜和豆皮丝焯水，捞出待用。
3 用油起锅，放入蒜末，爆香；倒入豌豆苗炒至熟软，放入胡萝卜和豆皮，翻炒均匀；加生抽、鸡粉、盐、葱花、水淀粉翻炒均匀即可。

功效：增高助长

难易度：★★☆

洋葱炒豆腐皮

原料：豆腐皮230克，彩椒50克，洋葱70克，瘦肉130克，葱段少许

调料：盐4克，生抽13毫升，料酒10毫升，芝麻油2毫升，水淀粉9毫升，食用油适量

·· 做法 ··

1 洗净的彩椒去子，切成丝。

2 去皮洗净的洋葱切成丝。

3 豆腐皮切成条，焯水。

4 洗好的瘦肉切丝，放盐、生抽、水淀粉、食用油，拌匀腌渍。

5 锅中倒入适量食用油，放入瘦肉丝，翻炒至变色；加料酒、洋葱、彩椒、盐、生抽，炒匀调味。

6 倒入豆腐皮、葱段、水淀粉、芝麻油拌炒均匀，盛出即可。

\ tips /

炒豆皮时要边炒边把豆皮抖散，否则豆皮不易入味。

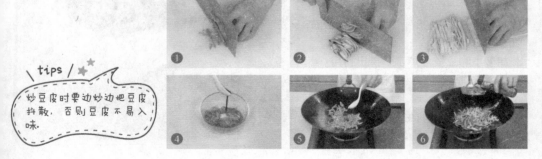

蒜蓉西芹

难易度：★★☆

功效：保护牙齿

原料：西芹200克，蒜末少许

调料：盐3克，鸡粉2克，水淀粉、食用油各适量

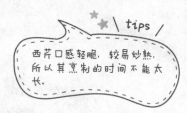

tips

西芹口感轻脆，较易炒熟，所以其烹制的时间不能太长。

 做法

1 将洗净的西芹切成小段。

2 西芹焯水后捞出，沥干水分，待用。

3 用油起锅，放入备好的蒜末，爆香；倒入焯煮过的食材，翻炒匀，加鸡粉、盐、水淀粉，快速炒匀，至食材熟透、入味，装入盘中即成。

茼蒿黑木耳炒肉

- 难易度：★★☆
- 功效：保护牙齿

原料：茼蒿100克，瘦肉90克，水发木耳45克，姜片、蒜末、葱段各少许

调料：盐3克，鸡粉2克，料酒4毫升，生抽5毫升，水淀粉、食用油各适量

做法

1 木耳洗净切块，焯水；洗净的茼蒿切成段。
2 瘦肉洗净切片，加盐、鸡粉、水淀粉、食用油，腌渍入味。
3 用油起锅，放姜、蒜、葱爆香；放肉片、料酒、茼蒿、水、木耳、盐、鸡粉、生抽、水淀粉，炒熟即成。

吉利香蕉虾枣

- 难易度：★★☆
- 功效：增强免疫力

原料：虾胶100克，香蕉1根，鸡蛋1个，面包糠200克

调料：生粉、食用油各适量

做法

1 鸡蛋取蛋黄，打散调匀；香蕉切段，去果皮，果肉蘸生粉；虾胶挤成小虾丸，蘸生粉，放在盘中，待用。
2 把香蕉果肉塞入小虾丸中，滚上蛋黄、面包糠，搓成大枣状，制成虾枣生坯。
3 热锅注油烧热，放入虾枣生坯，搅匀，用小火炸熟即成。

原料：胡萝卜180克，鲜香菇50克，蒜末、葱段各少许

调料：盐3克，鸡粉2克，生抽4毫升，水淀粉5毫升，食用油适量

• • 做法 • •

1 洗净去皮的胡萝卜切成片。

2 洗好的香菇切成片。

3 胡萝卜片和香菇焯水，捞出待用。

4 用油起锅，放入蒜末，爆香。

5 倒入胡萝卜片和香菇片，快速炒匀。

6 淋入生抽，加盐、鸡粉、水淀粉、葱段，翻炒几下，至食材熟透、入味，装入盘中即成。

难易度：★★☆

功效：保护牙齿

胡萝卜炒香菇片

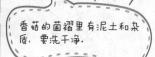

tips

香菇的菌褶里有泥土和杂质，要洗干净。

西芹炒肉丝

难易度：★★☆

功效：增强免疫力

原料：猪肉240克，西芹90克，胡萝卜片少许
调料：盐3克，鸡粉2克，水淀粉9毫升，料酒3毫升，食用油适量

做法

1 洗净的胡萝卜片切条。

2 洗净的西芹切粗条。

3 猪肉洗净切成丝，加盐、料酒、水淀粉、食用油，腌渍入味。

4 胡萝卜、西芹焯水。

5 用油起锅，倒入肉丝，翻炒片刻至其变色。

6 倒入焯过水的食材，加入适量盐、鸡粉、水淀粉，炒匀调味，装入盘中即可。

tips

炒肉丝时，火候不要太大，以免炒煳。

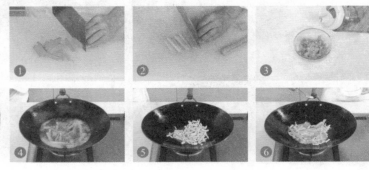

芦笋鲜蘑菇炒肉丝

难易度：★★☆

功效：增强免疫力

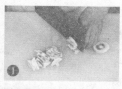

原料：芦笋75克，口蘑60克，猪肉110克，蒜末少许

调料：盐2克，鸡粉2克，料酒5毫升，水淀粉、食用油各适量

tips

宜将芦笋根部的老皮去除，这样口感会更好。

做法

1 洗净的口蘑、芦笋切成条形，焯水。

2 洗净的猪肉切成细丝，加盐、鸡粉、水淀粉、食用油，腌渍10分钟。

3 热锅注油，烧至四五成热，倒入肉丝快速搅散，滑油至变色，捞出备用。

4 锅底留油烧热，倒入蒜末炒香；倒入焯过水的食材，放入猪肉丝、料酒、盐、鸡粉，炒匀调味；倒入水淀粉炒匀即可。

萝卜炖牛肉

● 难易度：★★☆
● 功效：开胃消食

原料：胡萝卜120克，白萝卜230克，牛肉270克，姜片少许

调料：盐2克，老抽2毫升，生抽6毫升，水淀粉6毫升

● ● 做法 ●

1 将白萝卜、胡萝卜洗净去皮切块；洗好的牛肉切成块，备用。

2 锅中注水烧热，放牛肉、姜片、老抽、生抽、盐，煮开后转小火稍煮。

3 倒入白萝卜、胡萝卜，用中小火煮一会儿，倒入水淀粉，炒至食材熟软入味即可。

西红柿烧牛肉

● 难易度：★★☆
● 功效：开胃消食

原料：西红柿90克，牛肉100克，姜片、蒜片、葱花各少许

调料：盐3克，鸡粉、白糖各2克，番茄汁15克，料酒、水淀粉、食粉、食用油各适量

● ● 做法 ●

1 西红柿洗净切块；牛肉洗净切片，加食粉、盐、鸡粉、水淀粉、食用油，腌渍。

2 用油起锅，下姜片、蒜片，爆香；倒入牛肉片、料酒，炒香。

3 放西红柿，炒匀；加水、盐、白糖，拌匀，焖熟，放番茄汁炒入味，装入碗中，放入葱花即可。

酱烧鲳鱼

难易度：★★☆

功效：健脑益智

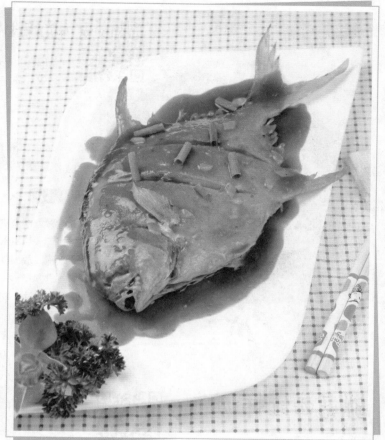

原料：净鲳鱼400克，甜面酱、蒜末、姜片、葱段各少许

调料：盐、鸡粉、生粉、老抽、料酒、生抽、水淀粉、食用油各适量

tips

鲳鱼鱼身上的花刀最好切得深一点儿，这样能使鱼肉更易入味。

做法

1 鲳鱼放盐、鸡粉、料酒、生抽、生粉，腌渍。

2 热锅注油烧热，放入鲳鱼，用中小火炸熟，捞出待用。

3 用油起锅，放姜片、蒜末爆香；注水，加盐、鸡粉、甜面酱、生抽、老抽，拌匀煮沸。

4 倒入鲳鱼，浇上汤汁，煮至入味，将鲳鱼盛入盘中，锅中汤汁加水淀粉拌匀，浇在鱼身上，撒上葱段即成。

铁板扒鳜鱼

● 难易度：★★☆
● 功效：益气补血

原料：鳜鱼350克，锡纸1张，姜末、葱丝、蒜末各少许

调料：盐、鸡粉、白糖、番茄汁、生抽、水淀粉、食用油适量

•••（做法）•••

1 将鳜鱼在鱼肉切上十字花刀，碗中放入生抽、盐、鸡粉，拌匀。
2 取碗，放白糖、番茄汁、清水、鸡粉、盐，调成味汁。
3 锅中放油，将鳜鱼炸至金黄色，放锡纸上，放入姜末、蒜末、味汁、水淀粉、食用油、葱丝，拌匀即可。

鲜菇西红柿汤

● 难易度：★★☆
● 功效：增强免疫力

原料：玉米粒60克，青豆55克，西红柿90克，平菇50克，高汤200毫升，姜末少许

调料：水淀粉3毫升，盐2克，食用油适量

•••（做法）•••

1 平菇切粒；西红柿切丁。
2 用油起锅，倒入姜末、平菇，炒匀，加入洗好的青豆、玉米粒，倒入高汤、盐，煮4分钟至食材熟透。
3 倒入西红柿、水淀粉，把锅中的食材拌匀，将煮好的汤盛出。

功效：提神健脑

难易度：★★☆

黄花菜健脑汤

原料：水发黄花菜80克，鲜香菇、金针菇、瘦肉、葱花各适量
调料：盐3克，鸡粉3克，水淀粉、食用油各适量

·· 做法 ··

1 将洗净的鲜香菇切片。
2 泡发好的黄花菜切去花蒂。
3 洗好的金针菇切去老茎。
4 洗净的瘦肉切片，加盐、鸡粉、水淀粉、食用油，腌渍入味。
5 锅中注清水烧开，倒入食用油，放入香菇、黄花菜、金针菇、盐、鸡粉，拌匀煮沸。
6 倒入瘦肉拌匀，用大火煮熟，盛入碗中，撒上葱花即成。

tips

香菇、金针菇入锅后，不宜煮制过久，以免影响成品鲜嫩的口感。

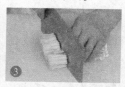

功效：补钙
难易度：★★☆

玉米浓汤

原料：鲜玉米粒100克，配方牛奶150毫升

调料：盐少许

1 取来榨汁机，倒入洗净的玉米粒。

2 加入清水，盖上盖子。

3 通电后选择"搅拌"功能，榨一会儿，制成玉米汁，倒出。

4 汤锅上火烧热，倒入玉米汁，慢慢搅拌几下。

5 煮至汁液沸腾。

6 倒入配方牛奶，搅拌匀，煮沸，加盐，拌匀即成。

tips

榨玉米汁的时候，可拌一会儿，能使玉米的粗纤维磨得更细。

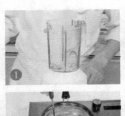

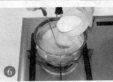

西红柿面包鸡蛋汤

难易度：★★☆
功效：开胃消食

原料：西红柿95克，面包片30克，高汤200毫升，鸡蛋1个

tips

要选用捏起来很软，外观圆滑，透亮而无斑点的新鲜西红柿。

做法

1 鸡蛋打入碗中，调匀。

2 西红柿烫煮1分钟，取出，去皮，切块；面包片切粒。

3 将高汤倒入汤锅中烧开，下入西红柿，煮3分钟至熟。

4 打开盖子，倒入面包、蛋液，拌匀煮沸，盛入碗中即可。

丝瓜虾皮猪肝汤

● 难易度：★★☆
● 功效：保护视力

原料：丝瓜90克，猪肝85克，虾皮12克，姜丝、葱花各少许

调料：盐3克，鸡粉3克，水淀粉2毫升，食用油适量

·· 做法 ··

1 丝瓜洗净去皮切片；猪肝洗净切片，放盐、鸡粉、水淀粉、食用油、腌渍。

2 锅中注油烧热，放姜丝爆香，放虾皮炒香；倒入清水，用大火煮沸。

3 倒入丝瓜，加盐、鸡粉、猪肝，煮沸，将锅中汤料盛出装入碗中，再将葱花撒入汤中即可。

黄鱼蛤蜊汤

● 难易度：★★☆
● 功效：清热解毒

原料：黄鱼400克，熟蛤蜊300克，西红柿100克，姜片少许

调料：盐、鸡粉各2克，食用油适量

·· 做法 ··

1 洗好的西红柿切成小瓣，去除果皮，备用。

2 洗净的黄鱼切上花刀；把熟蛤蜊取出肉块，备用。

3 用油起锅，放入黄鱼煎香，放姜片，注水，用大火略煮；倒入蛤蜊肉、西红柿，烧开后用小火煮片刻，加盐、鸡粉搅拌匀，煮至入味即可。

原料：净鲫鱼400克，豆腐200克，牛奶90毫升，姜丝、葱花各少许
调料：盐2克，鸡粉少许

• •【做法】• • •

1 洗净的豆腐切成小方块。

2 处理干净的鲫鱼煎至两面断生，盛出备用。

3 锅中注水烧开，放姜丝、鲫鱼、鸡粉、盐，搅匀，掠去浮沫。

4 用中火煮约3分钟，至鱼肉熟软。

5 揭盖，放入豆腐块、牛奶，轻轻搅拌均匀。

6 用小火煮约2分钟，至豆腐入味，装入汤碗中，撒上少许葱花即成。

功效：补钙增高
难易度：★ ★ ☆

牛奶鲫鱼汤

★☆ \ tips /

倒入牛奶后，不宜用大火煮，以免营养流失。

功效：补铁

难易度：★★☆

豆干肉丁软饭

原料：豆腐干50克，瘦肉65克，软饭150克，葱花少许
调料：盐少许，鸡粉2克，生抽4毫升，水淀粉3毫升，料酒2毫升，黑芝麻油2克，食用油适量

•• 做法 ••

1 将洗好的豆腐干切成丁。
2 洗净的瘦肉切成丁，放盐、鸡粉、水淀粉、食用油，拌匀，腌渍入味。
3 用油起锅，倒入肉丁，翻炒至转色。
4 放入豆腐干，翻炒均匀。
5 加料酒、生抽、软饭，快速翻炒均匀。
6 放入葱花、黑芝麻油拌炒入味，盛入碗中即可。

tips

猪肉不宜用热水浸泡，清洗，因为这会造成营养流失，影响口感。

清蒸排骨饭

难易度：★★☆
功效：增强免疫力

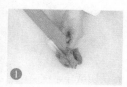

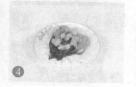

原料：米饭170克，排骨段150克，上海青70克，蒜末、葱花各少许

调料：盐3克，鸡粉3克，生抽、料酒、生粉、芝麻油各适量

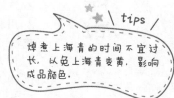
tips
焯煮上海青的时间不宜过长，以免上海青变黄，影响成品颜色。

做法

1 洗净的上海青对半切开，焯水后捞出，待用。

2 把洗好的排骨段加盐、鸡粉、生抽、蒜末、料酒、生粉、芝麻油拌匀，装入蒸盘，腌渍。

3 蒸锅上火烧开，放入蒸盘，用中火蒸约15分钟，取出蒸盘，放凉待用。

4 将米饭装入盘中，摆上焯熟的上海青，放入蒸好的排骨，点缀上葱花即可。

功效：益智健脑

难易度：★ ★ ☆

什锦煨饭

原料：鸡蛋1个，土豆、胡萝卜各35克，青豆40克，猪肝40克，米饭150克，葱花少许

调料：盐2克，鸡粉少许，食用油适量

•• 做法 ••

1 将去皮洗净的胡萝卜切成粒；去皮洗净的土豆切成丁。

2 洗好的猪肝剁成细末；鸡蛋打入碗中，搅散，制成蛋液。

3 用油起锅，倒入猪肝炒松散；放土豆丁、胡萝卜粒、水、盐、鸡粉、青豆，用小火焖煮8分钟至食材熟软。

4 倒入备好的米饭拌炒匀，煮沸。

5 淋入蛋液，炒熟。

6 撒上葱花，炒香，盛入碗中即成。

/ tips /

米饭最好保留少量的水分，这样煨好的米饭口感更松软。

肉羹饭

- 难易度：★★☆
- 功效：增强免疫力

原料：鸡蛋1个，黄瓜40克，胡萝卜25克，瘦肉30克，米饭130克，葱花少许

调料：鸡粉2克，盐少许，水淀粉5克，料酒2毫升，芝麻油2毫升，食用油适量

• • 做法 • •

1 米饭装入碗中；黄瓜、胡萝卜洗净切丝，瘦肉洗净剁成末；鸡蛋打散调匀。

2 用油起锅，倒入肉末、料酒炒香，加水烧开，放胡萝卜、黄瓜、鸡粉、盐，煮沸。

3 倒入水淀粉勾芡，放芝麻油、蛋液、葱花拌匀，盛入热米饭上即可。

鲜蔬牛肉饭

- 难易度：★★☆
- 功效：增强记忆力

原料：软饭150克，牛肉70克，胡萝卜35克，西蓝花、洋葱各30克，小油菜40克

调料：盐3克，鸡粉2克，生抽5毫升，水淀粉、食用油各适量

• • 做法 • •

1 小油菜洗净切段，胡萝卜洗净切片，西蓝花洗净切小朵，分别焯水。

2 洋葱洗净切块，牛肉洗净切片，放生抽、鸡粉、水淀粉、食用油，腌渍入味。

3 用油起锅，倒入牛肉片、洋葱、软饭，炒匀；加生抽、盐、鸡粉，炒匀，下入焯过水的食材炒熟即成。

原料：燕麦30克，水发大米、水发糙米、水发薏米各85克

糙米燕麦饭

功效：开胃消食

难易度：★★☆

 做法

1 碗中倒入适量清水，放入准备好的原料。
2 将碗中的原料淘洗干净。
3 把淘洗净的原料装入另一个碗中，加入适量清水。
4 放入烧开的蒸锅中。
5 盖上盖，用中火蒸30分钟，至食材熟透。
6 揭开盖，把蒸好的糙米燕麦饭取出即可。

tips

糙米不易熟，泡发时应泡久一些。

雪菜虾仁炒饭

难易度：★★☆

功效：清热解毒

原料：冷米饭170克，虾仁50克，雪菜70克，葱花少许

调料：盐、鸡粉、胡椒粉各2克，水淀粉、芝麻油、食用油各适量

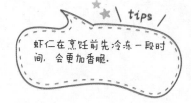

tips

虾仁在烹饪前先冷冻一段时间，会更加香脆。

• • • 做法 • • •

1 洗净的雪菜切开，切碎，焯水。

2 洗好的虾仁切成小块，加盐、鸡粉、水淀粉，拌匀腌渍。

3 用油起锅，放入虾仁，炒至变色。

4 倒入米饭、雪菜，炒至熟透，加盐、鸡粉、胡椒粉、芝麻油、葱花，炒香，关火后盛出炒好的米饭即可。

菠萝蒸饭

难易度：★★☆

功效：清热解毒

①

②

③

④

原料：菠萝肉70克，水发大米75克，牛奶50毫升

tips

牛奶不宜蒸制过久，以免造成营养成分过多流失。

 做法

1　将水发好的大米装入碗中，倒入适量清水，待用。

2　菠萝肉切成粒。

3　烧开蒸锅，放入处理好的大米，蒸30分钟至大米熟软。

4　揭盖，将菠萝放在米饭上，加入牛奶，蒸15分钟即成。

肉松软米饭

- 难易度：★★☆
- 功效：增强免疫力

原料：肉松20克，软饭190克，葱花少许
调料：盐2克

· · · 做法 · · ·

1　汤锅中注入清水烧热，加入盐、肉松，拌匀。
2　放入准备好的软饭，拌匀煮至沸。
3　撒入部分葱花，拌匀，将锅中材料盛入碗中，放入剩余的肉松，撒上余下的葱花即可。

红豆高粱粥

- 难易度：★★☆
- 功效：增强免疫力

原料：红豆60克，高粱米50克
调料：冰糖20克

· · · 做法 · · ·

1　锅中注入约900毫升清水烧开。
2　倒入洗净的高粱米，放入洗净泡好的红豆。
3　盖上锅盖，转小火煮约40分钟至食材熟软。
4　揭开盖，放入冰糖。
5　盖好盖子，再煮约3分钟至冰糖完全溶入粥中。
6　取下盖子，搅匀食材，盛出即可。

百合黑米粥

● 难易度：★★☆
● 功效：健齿护齿

原料：水发大米120克，水发黑米65克，鲜百合40克
调料：盐2克

做法

1 砂锅中注入适量清水烧热，倒入备好的大米、黑米，放入洗好的百合，拌匀。
2 盖上盖，烧开后用小火煮至熟。
3 揭开盖，放入盐，拌匀，煮至粥入味；关火后盛出煮好的粥即可。

山药乌鸡粥

● 难易度：★★☆
● 功效：增强免疫力

原料：水发大米145克，乌鸡块200克，山药65克，姜片、葱花各少许
调料：盐、鸡粉各2克

做法

1 将去皮洗净的山药切滚刀块；洗净的乌鸡块氽去血水，捞出待用。
2 砂锅中注入适量清水烧热，倒入乌鸡块、大米、姜片，搅拌均匀，烧开后用小火煮至米粒熟软。
3 倒入切好的山药，搅拌匀，用小火续煮至熟，加入少许盐、鸡粉，拌匀调味，装入碗中，撒上葱花即可。

原料：火腿40克，洋葱20克，虾仁30克，米饭150克，葡萄干25克，鸡蛋1个，葱末少许

调料：盐2克，食用油适量

· · 做法

1 鸡蛋搅散调匀，制成蛋液；洋葱、火腿洗净切粒；虾仁洗净切丁。

2 热锅中注油，倒入备好的蛋液，摊开、翻动，炒熟后盛出。

3 锅底留油，倒入洋葱粒、火腿粒，炒匀炒香；下入虾仁丁，快速翻炒至虾肉呈淡红色。

4 加入洗净的葡萄干、米饭，翻炒片刻至米饭松散。

5 倒入煎好的鸡蛋，翻炒匀，使其分成小块。

6 调入盐，炒匀调味；撒上葱末，炒香，放在盘中即成。

难易度：★★☆

功效：增强免疫力

葡萄干炒饭

★ tips

锅中注油后要转动几下，蛋液更容易熟。

原料：牛肉45克，上海青60克，海带70克，大米65克
调料：盐2克

 做法

1 将洗净的上海青、海带切成粒。

2 洗净的牛肉切成末。

3 取榨汁机，选干磨刀座组合，放入洗净沥干的大米，磨碎，即成米粉。

4 汤锅中注水烧热，倒入米粉，搅拌匀。

5 倒入海带、牛肉末，煮至断生，转中火煮干水分，制成米糊。

6 加盐，撒上上海青，搅动几下，煮至全部食材熟透即可。

难易度：★★☆
功效：增强免疫力

牛肉海带碎米粥

tips

将切碎的牛肉用少许面粉拌匀，可增强菜肴的清香，提高食欲。

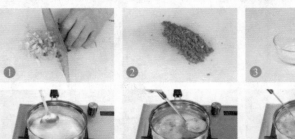

牛奶面包粥

难易度：★★☆

功效：补钙

原料：面包55克，牛奶120毫升

tips

牛奶不宜煮太久，以免破坏其营养成分。

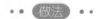

做法

1 面包切细条形，再切成丁，备用。

2 砂锅中注入适量清水烧开，倒入备好的牛奶。

3 煮沸后倒入面包丁，搅拌匀，煮至变软。

4 关火后盛出煮好的面包粥即可。

糙米牛肉粥

①

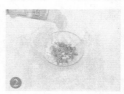
②

③

④

原料：水发米碎70克，牛肉末55克，白菜75克，雪梨60克，洋葱30克，糙米碎50克，白芝麻少许

调料：芝麻油适量

tips
牛肉在腌渍的时候加少许芝麻油，可使其风味更佳。

做法

1 洗净的白菜切碎末；洗好的洋葱切成粒；洗净去皮的雪梨去核，切成末。

2 牛肉末装入碗中，放入洋葱、雪梨、白芝麻、芝麻油，拌匀腌渍。

3 砂锅置于火上，倒入芝麻油、牛肉，炒香；注水，放米碎，烧开后用小火煮20分钟至熟。

4 倒入糙米碎、白菜拌匀，用小火续煮约10分钟至熟即可。

小米黄豆粥

- 难易度：★★☆
- 功效：健胃消食

原料：小米50克，水发黄豆80克，葱花少许

调料：盐2克

• • • 做法 • • •

1 砂锅中注入清水，烧开，倒入洗净的黄豆。

2 加入泡发好的小米，拌匀，煮30分钟至小米熟软。

3 加入盐，拌匀，盛出做好的小米黄豆粥，装入碗中，放上葱花即可。

茼蒿排骨粥

- 难易度：★★☆
- 功效：开胃消食

原料：茼蒿80克，芹菜50克，排骨100克，水发大米150克

调料：盐2克，鸡粉2克，胡椒粉少许

• • • 做法 • • •

1 芹菜切粒；茼蒿切碎。

2 砂锅中注入清水烧开，放入洗净的大米，搅匀，炖15分钟。

3 放入洗净的排骨，再炖30分钟，加入盐、鸡粉、胡椒粉，搅匀，放入茼蒿，煮至熟软，将砂锅中的食材盛出，装入汤碗中即可。

小米南瓜粥

难易度：★★☆

功效：增强免疫力

①

原料：水发小米90克，南瓜110
克，葱花少许

调料：盐2克，鸡粉2克

★ \ tips /

煮制此粥时，要不时搅拌，
以免材料粘锅。

做法

1 将洗净去皮的南瓜切成粒，装入盘中，待用。

2 锅中注清水烧开，倒入洗好的小米，搅匀，烧开后用小火煮
30分钟，至小米熟软。

3 倒入南瓜，拌匀，用小火煮15分钟，至食材熟烂。

4 放入鸡粉、盐，搅匀调味，盛入碗中，撒上葱花即可。

原料：水发大米120克，燕麦85克，核桃仁、巴旦木仁各35克，腰果、葡萄干各20克

•• 做法 ••

1 把干果放入榨汁机干磨杯中，磨成粉末状，倒出，待用。

2 砂锅中注入适量清水烧开，倒入洗净的大米，搅散。

3 加入洗好的燕麦，搅拌匀。

4 盖上盖，用小火煮30分钟，至食材熟透。

5 揭开盖，倒入干果粉末。

6 放入部分洗好的葡萄干，搅拌匀，略煮片刻，盛入碗中，撒上剩余的葡萄干即可。

难易度：★★☆

功效：益智健脑

果仁燕麦粥

\ tips /

燕麦用来煮粥时比较吸水，可少放一些。

核桃木耳粥

原料：大米200克，水发木耳45克，核桃仁20克，葱花少许

调料：盐2克，鸡粉2克，食用油适量

1 将洗净的木耳切成小块，装入盘中，待用。

2 砂锅中注清水烧开，倒入泡发好的大米、木耳、核桃仁、食用油，拌匀。

3 盖上盖，用小火煲30分钟，至大米熟烂。

4 揭盖，加入盐、鸡粉拌匀调味，盛入碗中，撒上葱花即成。

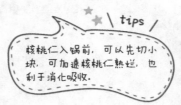

★ tips

核桃仁入锅前，可以先切小块，可加速核桃仁熟烂，也利于消化吸收。

鱼肉海苔粥

- 难易度：★★☆
- 功效：补钙

原料：鲈鱼肉80克，小白菜50克，海苔少许，大米65克

调料：盐少许

●●● 做法 ●●●

1 小白菜剁成末，鱼肉切段，去除鱼皮，海苔切碎。

2 取榨汁机，将大米放入杯中，将大米磨成米碎，把鱼肉放入蒸锅中，蒸至鱼肉熟透，用勺子压碎。

3 汤锅置于旺火上，加入清水、米碎，煮成米糊，加入盐、鱼肉、小白菜、海苔，把米糊装入碗中即可。

上海青鱼肉粥

- 难易度：★★☆
- 功效：增高助长

原料：鲜鲈鱼50克，上海青50克，水发大米95克

调料：盐2克，水淀粉2毫升

●●● 做法 ●●●

1 将洗净的上海青切粒，处理干净的鲈鱼切片。

2 把鱼片装入碗中，放入盐、水淀粉，抓匀，腌渍10分钟。

3 锅中注水烧开，倒入水发好的大米，煮30分钟至大米熟烂，倒入鱼片、上海青、盐，拌匀，盛出煮好的粥，装入碗中即可。

功效：增强记忆力

难易度：★★☆

黑芝麻核桃粥

原料：黑芝麻15克，核桃仁30克，糙米120克

调料：白糖6克

 做法

1 将核桃仁倒入木臼，压碎，倒入碗中。

2 汤锅中注清水烧热，倒入洗净的糙米，拌匀。

3 盖上盖，煮30分钟至糙米熟软。

4 倒入备好的核桃仁，拌匀。

5 盖上盖，用小火煮10分钟至食材熟烂。

6 倒入黑芝麻、白糖，拌匀，煮至白糖溶化，盛入碗中即可。

tips

煮制此粥时，白糖不要放太多，以免成品过甜。

菠菜小银鱼面

难易度：★★☆

功效：补铁

原料：菠菜60克，鸡蛋1个，面条10克，水发银鱼干20克

调料：盐2克，鸡粉少许，食用油4毫升

tips

银鱼干事先泡软后再下入锅中，可以缩短烹饪的时间。

做法

1　将鸡蛋打入碗中搅散、拌匀，制成蛋液。

2　洗净的菠菜切段；面条折成小段。

3　锅中注清水烧开，放食用油、盐、鸡粉、银鱼干，煮沸后倒入面条，用中小火煮约4分钟，至面条熟软。

4　倒入菠菜拌匀煮沸；倒入蛋液，煮至液面浮现蛋花即成。

西红柿鸡蛋打卤面

● 难易度：★★☆

● 功效：清热解毒

原料：面条80克，西红柿60克，鸡蛋1个，蒜末、葱花各少许

调料：盐、鸡粉各2克，番茄酱6毫升，水淀粉、食用油各适量

★ ★ \tips/

面条煮的时间不可过长，否则会影响口感。

做法

1 洗好的西红柿切块；鸡蛋打入碗中，打散，调成蛋液。

2 锅中注清水烧开，加食用油，放入面条，煮熟，捞出待用。

3 用油起锅，倒入蛋液，炒匀，盛入碗中，待用。

4 锅底留油烧热，倒入蒜末、西红柿、蛋花、水、番茄酱、盐、鸡粉、水淀粉炒匀，浇在面条上，点缀上葱花即可。

排骨汤面

- 难易度：★★☆
- 功效：补钙

原料：排骨130克，面条60克，小白菜、香菜各少许

调料：料酒4毫升，白醋3毫升，盐、鸡粉、食用油各适量

·· 做法 ··

1 将洗净的香菜切碎；洗好的小白菜切成段；将面条折成段。

2 锅中加水、洗净的排骨，加料酒、白醋，煮开后用小火稍煮，捞出排骨。

3 把面条倒入汤中，搅拌匀，用小火煮熟，加盐、鸡粉，拌匀；倒入小白菜、熟油，拌匀煮沸，加香菜即可。

土鸡高汤面

- 难易度：★★☆
- 功效：开胃消食

原料：土鸡块180克，菠菜、胡萝卜各75克，面条65克，高汤200毫升，葱花少许

调料：盐少许

·· 做法 ··

1 将去皮洗净的胡萝卜切成丁；洗好的菠菜切碎；面条切小段。

2 汤锅中注水烧开，下入土鸡块，倒入高汤，煮沸后用小火煮15分钟，倒入胡萝卜丁，用中火续煮3分钟。

3 下入面条，搅拌匀，煮熟，倒入菠菜，调入盐，拌匀，再煮片刻至入味，盛入碗中，撒上葱花即成。

鸡蛋蒸糕

功效：增强免疫力

难易度：★★☆

原料：鸡蛋2个，菠菜30克，洋葱35克，胡萝卜40克
调料：盐2克，鸡粉少许，食用油4毫升

 做法

1 将去皮洗净的胡萝卜切片。
2 洗净的洋葱剁成末。
3 胡萝卜、菠菜焯水，放凉后剁成末。
4 鸡蛋加盐、鸡粉，搅拌；放胡萝卜末、菠菜末、洋葱末、清水、食用油，拌匀，制成蛋液。
5 取汤碗，倒入蛋液。
6 放入装有蛋液的汤碗，蒸约12分钟至全部食材熟透即成。

tips

搅拌好的蛋液中加入水淀粉，能使蒸好的鸡蛋糕口感更嫩滑。

原料：鲈鱼肉180克，土豆130克，西蓝花30克，奶酪35克
调料：食用油适量

做法

1 将去皮洗净的土豆切成小块；西蓝花焯水，剁成末。

2 土豆和鱼肉蒸熟，取出放凉。

3 鱼肉切成末，土豆压成泥。

4 把土豆泥装入大碗中，放入奶酪、鱼肉泥、西蓝花，搅拌均匀，制成鱼肉团。

5 盘子抹上食用油，放入鱼肉团，压成薄饼状，即成奶酪饼坯。

6 烧热煎锅，倒入食用油烧热，放入奶酪饼坯煎熟即成。

功效：益智健脑
难易度：★★☆

鲜鱼奶酪煎饼

tips

若在锅中不方便将饼分成小块，可待其煎熟放凉后再切成小块。

金枪鱼三明治

难易度：★★☆
功效：增强免疫力

原料：面包100克，罐装金枪鱼肉50克，生菜叶20克，西红柿90克，熟鸡蛋1个

tips

可根据自身口味在食材中加入适量调味料.

做法

1 将面包边缘修整齐；洗好的西红柿切片；熟鸡蛋切片。

2 将金枪鱼肉撕成细丝，备用。

3 取面包片，放上西红柿、金枪鱼肉。

4 放上鸡蛋，盖上洗好的生菜叶，再盖上一片面包，依此顺序处理完剩余的食材，切成三角块即可。

❶

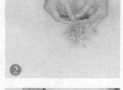
❷

❸

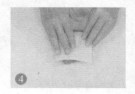
❹

原料：土豆95克，鸡蛋2个，熟金枪鱼肉80克，面粉70克
调料：盐、鸡粉各3克，食用油适量

•• 做法 ••

1 洗净去皮的土豆切块，装盘。
2 蒸锅上火烧开，放入土豆蒸熟，取出放凉，压成泥状。
3 鸡蛋打入碗中，打散调匀，制成蛋液。
4 取土豆泥，加入面粉、蛋液、金枪鱼肉、盐、鸡粉，拌匀。
5 煎锅置于火上，倒入食用油，烧热。
6 将拌好的材料制成数个小饼生坯，放入煎锅，煎熟即可。

难易度：★★☆
功效：开胃消食

金枪鱼土豆饼

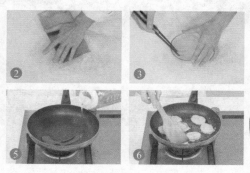

\ tips /

煎土豆饼时宜用慢煎，使
其外焦内酥。

核桃南瓜子酥

● 难易度：★★☆

● 功效：健脑益智

原料：南瓜子110克，核桃仁55克

调料：白糖75克，麦芽糖、食用油各适量

做法

1 将核桃仁碾碎，炒至焦脆；南瓜子炒干水分。
2 用油起锅，倒入白糖，用小火慢慢翻炒，至白糖溶化。
3 加入麦芽糖，炒至完全溶化，呈金黄色。
4 转中火，翻炒一会儿，至糖汁呈暗红色。
5 倒入炒好的核桃仁、南瓜子，炒至南瓜子裹匀糖汁。
6 盛入盘中，压平压实，放凉，切成小块即可。

tips

宜选用新鲜的南瓜子，其营养价值更高。

黄鱼鸡蛋饼

● 难易度：★★☆
● 功效：开胃消食

原料：黄鱼肉200克，鸡蛋1个，牛奶200毫升，糯米粉25克，洋葱50克
调料：盐2克，鸡粉2克，料酒4毫升，食用油适量

〔 做法 〕

1 洗好的黄鱼肉去骨，将鱼肉刮下来；洗净的洋葱切丁。
2 取碗，倒入糯米粉、鸡蛋、黄鱼肉、洋葱、盐、鸡粉、料酒、牛奶，捏成大小一致的小饼。
3 煎锅中倒入食用油，放入小饼，煎煎至两面呈金黄色，装入盘中即可。

香蕉鸡蛋饼

● 难易度：★★☆
● 功效：增强免疫力

原料：香蕉1根，鸡蛋2个，面粉80克
调料：白糖、食用油各适量

〔 做法 〕

1 将鸡蛋打入碗中；香蕉去皮，把香蕉肉剁成泥。
2 把香蕉泥放入鸡蛋中，加入白糖、面粉，制成香蕉蛋糊。
3 热锅注油，倒入香蕉蛋糊，煎至焦黄色，把香蕉蛋饼盛出，用刀将蛋饼切成数等分小块，装入盘中即可。

煎生蚝鸡蛋饼

- 难易度：★★☆
- 功效：健胃消食

原料：韭菜120克，鸡蛋110克，生蚝肉100克

调料：盐、鸡粉各2克，料酒5毫升，水淀粉、食用油各适量

···（做法）···

1 韭菜切粒；鸡蛋打入碗中，拌匀，制成蛋液。

2 锅中加清水，倒入生蚝肉、料酒，煮约1分钟；往蛋液中加生蚝肉、盐、鸡粉、韭菜粒、水淀粉，制成蛋糊；油起锅，即成蛋饼生坯，锅底留油，倒入蛋饼生坯，煎至两面熟透。

花生汤

- 难易度：★★☆
- 功效：增强免疫力

原料：牛奶218毫升，枸杞7克，水发花生186克

调料：冰糖46克

···（做法）···

1 将花生剥皮，留花生肉。

2 热锅注水煮沸，放入花生肉，搅拌一会儿。

3 盖上锅盖，转小火焖煮30分钟。

4 待花生焖干水分，倒入牛奶、冰糖，搅拌均匀。

5 加入枸杞，煮沸，烹制好后，关火。

6 将食材捞起，放入备好的碗中即可。

原料：水发黑木耳40克，大枣25克，水发黄豆50克

•• 做法 ••

1 洗净的大枣去核，切成小块，备用。

2 把大枣倒入豆浆机中。

3 放入洗净的黄豆、黑木耳。

4 注入适量清水，至水位线即可。

5 盖上豆浆机机头，选择"五谷"程序，再选择"开始"键，打成豆浆。

6 将豆浆机断电，滤取豆浆倒入杯中，撇去浮沫即可。

难易度：★★☆

功效：健齿固齿

黑木耳大枣豆浆

tips

将黑木耳切成碎末，这样更易打成浆。

花生银耳牛奶

● 难易度：★★☆
● 功效：补锌润肺

原料：花生米80克，水发银耳150克，牛奶100毫升

· · 做法 · ·

1 洗好的银耳切小块，备用。

2 砂锅中注入适量清水烧开，放入洗净的花生米，加入切好的银耳，搅拌匀，盖上盖，烧开后用小火煮至熟。

3 揭开盖，倒入备好的牛奶，用勺拌匀，煮至沸；关火后将煮好的花生银耳牛奶盛出，装入碗中即可。

葡萄干豆浆

● 难易度：★★☆
● 功效：增强免疫力

原料：水发黄豆40克，葡萄干少许

· · 做法 · ·

1 将已浸泡8小时的黄豆倒入碗中，搓洗干净。

2 将备好的黄豆、葡萄干倒入豆浆机中，注入适量清水，至水位线即可。

3 盖上豆浆机机头，选择"五谷"程序，再选择"开始"键，打成豆浆，倒入滤网，滤取豆浆倒入杯中即可。

草莓牛奶羹

● 难易度：★★☆

● 功效：增高助长

①

②

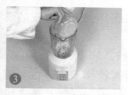
③

④

原料：草莓60克，牛奶120毫升

tips

草莓可以用淡盐水浸泡，这样既可以杀菌，又易清洗。

做法

1 将洗净的草莓去蒂，对半切开，再切成瓣，最后改切成丁，备用。

2 取榨汁机，选择搅拌刀座组合，将切好的草莓倒入搅拌杯中，备用。

3 放入适量牛奶，注入适量温开水，盖上盖。

4 选择"榨汁"功能，榨取果汁，断电后倒出汁液，装入碗中即可。

黄豆黑米豆浆

● 难易度：★★☆
● 功效：开胃消食

水发黄豆50克，黑米10克，葡萄干、枸杞、黑芝麻各少许

● ·· 做法 ·· ●

1 将已浸泡8小时的黄豆倒入碗中，放入黑米，搓洗干净，沥干水分。
2 将备好的黄豆、黑米、枸杞、葡萄干、黑芝麻倒入豆浆机中，注入适量清水至水位线。
3 盖上豆浆机机头，选择"五谷"程序，再选择"开始"键，打成豆浆，把煮好的豆浆倒入滤网，滤取豆浆倒入碗中即可。

柠檬苹果莴笋汁

● 难易度：★★☆
● 功效：补钙增高

原料：柠檬70克，莴笋80克，苹果150克，蜂蜜15毫升

● ·· 做法 ·· ●

1 洗净的柠檬切成片；洗净去皮的莴笋切成丁。
2 洗好的苹果去核，切小块，备用。
3 取榨汁机，选择搅拌刀座组合，倒入切好的苹果、柠檬、莴笋，加入少许矿泉水，榨取蔬果汁，加入蜂蜜搅拌片刻即可。

原料：水发黄豆75克
调料：白糖适量

•• 做法 ••

1 将已浸泡8小时的黄豆搓洗干净，沥干水分。
2 将洗好的黄豆倒入豆浆机内，加入清水，至水位线即可。
3 盖上豆浆机机头，选择"五谷"程序，再选择"开始"键，开始打浆。
4 待豆浆机运转约15分钟，即成豆浆。
5 将豆浆机断电，取下机头，滤取豆浆。
6 豆浆中加入适量白糖，搅拌匀至其溶化即可饮用。

难易度：★★☆
功效：增强免疫力

黄豆豆浆

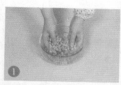

tips

泡黄豆时可选用温水泡发，能节省时间。

难易度：★★☆
功效：清热解毒

莲香豆浆

原料：水发黄豆50克，莲子25克，花生米20克

调料：冰糖10克

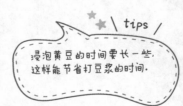

tips

浸泡黄豆的时间要长一些，这样能节省打豆浆的时间。

 做法

1 将已浸泡8小时的黄豆、花生米、莲子搓洗干净，沥干水分，待用。

2 取豆浆机，倒入洗好的黄豆、花生米，注水至水位线。

3 盖上豆浆机机头，选择"五谷"程序，再选择"开始"键，打成豆浆。

4 断电后取下豆浆机机头，把打好的豆浆倒入滤网，用勺子搅拌，滤取豆浆倒入碗中，待稍凉后即可饮用。

大枣花生豆浆

● 难易度：★★☆
● 功效：清热解毒

原料：水发红豆45克，花生米50克，大枣10克

调料：白糖10克

●‥（做法）‥●

1 将已浸泡4小时的红豆倒入碗中，放入花生米、清水，洗干净，倒入滤网，沥干水分。

2 红豆、花生米倒豆浆机中，加清水，待豆浆机运转约15分钟，即成豆浆。

3 把煮好的豆浆倒入滤网，滤取豆浆，加入白糖，拌匀，用汤匙捞去浮沫，待稍微放凉后即可饮用。

核桃豆浆

● 难易度：★★☆
● 功效：益智健脑

原料：水发黄豆120克，核桃仁40克

调料：白糖15克

●‥（做法）‥●

1 取榨汁机，倒入洗净的黄豆，注入清水，选择"榨汁"功能，拌至黄豆成细末状，倒出搅拌好的材料，用滤网滤取豆汁。

2 取榨汁机，放入核桃仁、豆汁，至核桃仁呈碎末状，即成生豆浆。

3 砂锅置火上，倒入生豆浆，煮约1分钟，掠去浮沫，加入白糖，盛出煮好的核桃豆浆，装入碗中即成。

草莓酸奶昔

功效：开胃消食

难易度：★★☆

原料：酸奶300克，草莓60克

调料：白糖少许

1 将洗净的草莓切小块，备用。

2 取搅拌机，选择搅拌刀座组合，倒入部分切好的草莓。

3 放入备好的酸奶，撒上少许白糖，再盖好盖。

4 通电后选取"榨汁"功能。

5 快速搅拌一会儿，至食材榨出果汁。

6 断电后倒出拌好的材料，装入杯中，点缀上余下的草莓即可。

/ tips /

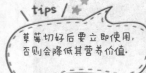
草莓切好后要立即使用，否则会降低其营养价值。

Part 4

日常小病症这样吃，

为孩子的健康保驾护航

儿童的各项生理发育速度比较快，活动量较大，新陈代谢旺盛。但由于身体各系统和器官发育不成熟，对外界的适应能力不足。本章列举了儿童常见的7种疾病，包括食欲不振、消化不良、假性近视、免疫力低下、贫血、拉肚子、咳嗽等，列举了患有此种疾病的儿童适宜吃哪些食物。阅读本章，有益于学习如何通过饮食对学龄前儿童常见疾病进行预防与调养。

调理餐
食欲不振

荷兰豆炒香菇

难易度：★★☆

功效：增强免疫力

原料：荷兰豆120克，鲜香菇60克，葱段少许
调料：盐、鸡粉、料酒、蚝油、水淀粉、食用油各适量

•••（做法）•••

1 洗净的荷兰豆切去头尾。
2 洗好的香菇切粗丝。
3 香菇丝、荷兰豆焯水，捞出备用。
4 用油起锅，倒入葱段，爆香。
5 放入的荷兰豆、香菇丝、料酒、蚝油，翻炒匀。
6 放入鸡粉、盐、水淀粉，翻炒均匀即可。

\ tips /
食材都焯过水，因此炒的
时间不要过长。

醋熘白菜片

● 难易度：★★☆
● 功效：开胃消食

原料：白菜250克

调料：盐2克，白糖3克，鸡粉2克，白醋10毫升，食用油适量

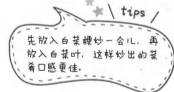

tips

先放入白菜梗炒一会儿，再放入白菜叶，这样炒出的菜肴口感更佳。

做法

1 将洗净的白菜切开，去除菜心，改切成小段，备用。
2 用油起锅，倒入白菜梗、清水、白菜叶，炒匀。
3 加入盐、白糖、鸡粉，炒匀调味。
4 调至小火，加入白醋，炒匀，关火后盛出炒好的食材即可。

浇汁莲藕

难易度：★★☆

功效：补铁

原料：莲藕120克，葱花少许

调料：盐2克，白糖5克，番茄酱25克，食用油、水淀粉各适量

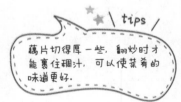

tips

藕片切得厚一些，翻炒时才能裹住稠汁，可以使菜肴的味道更好。

做法

1 将去皮洗净的莲藕切成片，焯水，捞出待用。

2 用油起锅，放清水、白糖、盐、番茄酱，快速拌匀，煮一会儿至白糖溶化。

3 倒入水淀粉，搅拌匀，制成稠汁。

4 下入焯煮过的藕片，翻炒至入味，关火后盛出炒制好的菜肴，趁热撒上葱花即成。

板栗枸杞炒鸡翅

● 难易度：★★☆
● 功效：健胃消食

原料：板栗120克，水发莲子100克，鸡中翅200克，枸杞、姜片、葱段各少许
调料：生抽、白糖、盐、鸡粉、料酒、水淀粉、食用油各适量

·· 做法 ··

1 鸡中翅斩成小块，装碗，加入生抽、白糖、盐、鸡粉、料酒，拌匀。
2 热锅注油，放入鸡中翅，炸至微黄色，捞出。
3 锅底留油，放入姜片、葱段、鸡中翅、料酒、板栗、莲子、生抽、盐、鸡粉、白糖、清水、枸杞、水淀粉，炒熟。

清蒸莲藕丸子

● 难易度：★★☆
● 功效：开胃消食

原料：莲藕300克，猪肉泥100克，糯米粉80克

调料：鸡粉2克，盐少许，食用油适量

·· 做法 ··

1 洗净去皮的莲藕切成末，备用。
2 将莲藕末装入碗中，放入猪肉泥、鸡粉、盐、糯米粉，搅拌成泥。
3 取一个盘子，淋上食用油，用手抹匀，将肉泥挤成丸子，装入盘中，放入烧开的蒸锅，盖上盖，蒸10分钟至丸子熟透，揭开盖，把蒸熟的丸子取出即可。

桔梗牛肚汤

难易度：★★☆

功效：健脾止泻

桔梗牛肚汤

原料：牛肚、黄豆芽、蕨菜、胡萝卜、水发桔梗、葱段、姜各少许

调料：盐2克，胡椒粉少许，料酒5毫升

 做法

1 将洗净的蕨菜切长段。

2 去皮洗好的胡萝卜切条形。

3 洗净的牛肚切粗丝。

4 砂锅中注清水烧热，倒入牛肚丝、桔梗、胡萝卜、蕨菜、葱段、姜片、料酒，拌匀。

5 煮约30分钟至食材熟软，倒入洗净的黄豆芽，拌匀。

6 加入盐、胡椒粉，拌匀，煮至黄豆芽熟透即成。

tips

牛肚可先汆水，这样能减少其腥味。

醋熘土豆丝

难易度：★★☆

功效：开胃消食

原料：土豆200克，胡萝卜40克，花椒、葱段各少许

调料：盐、鸡粉、芝麻油、陈醋、水淀粉、食用油各适量

tips

花椒洗净后要沥干水分，以免爆香时溅油。

做法

1 将洗净去皮的土豆、胡萝卜切丝，焯水。
2 用油起锅，放入花椒、葱段，爆香；倒入土豆丝和胡萝卜丝，炒匀。
3 加入盐、鸡粉，淋入陈醋，炒匀调味。
4 倒入水淀粉勾芡，淋入芝麻油，翻炒入味即成。

难易度：★★☆

功效：健脾和胃

胡萝卜西红柿汤

①

②

③

④

原料：胡萝卜30克，西红柿120克，鸡蛋1个，姜丝、葱花各少许

调料：盐少许，鸡粉2克，食用油适量

★ ★ ★ \ tips /
倒入蛋液时，要边倒边搅拌，这样打出的蛋花可以更美观。

●●● 做法 ●●●

1 洗净去皮的胡萝卜、西红柿切片。

2 鸡蛋打入碗中，拌匀。

3 锅中注油烧热，放入姜丝，爆香；倒入胡萝卜片、西红柿片，炒匀；注清水，煮3分钟。

4 加盐、鸡粉、蛋液，边倒边搅拌，至蛋花成形，装入碗中，撒上葱花即可。

西红柿紫甘蓝汁

- 难易度：★★☆
- 功效：健胃消食

原料：西红柿100克，紫甘蓝100克，葡萄100克

•• 做法 ••

1 洗好的西红柿、紫甘蓝切块。
2 锅中注入清水烧开，倒入紫甘蓝，煮1分钟，捞出备用。
3 取榨汁机，选择"搅拌"刀座组合，将西红柿、葡萄、紫甘蓝倒入杯中，倒入纯净水，选用"榨汁"功能，榨出蔬果汁，揭开盖，将榨好的蔬果汁倒入杯中即可。

香蕉葡萄汁

- 难易度：★★☆
- 功效：开胃消食

原料：香蕉150克，葡萄120克

•• 做法 ••

1 香蕉去皮切块，备用。
2 取榨汁机，选择"搅拌"刀座组合，将洗好的葡萄倒入杯中，再加入香蕉、纯净水。
3 盖上盖，选择"榨汁"功能，榨取果汁，揭开盖，将果汁倒入杯中即可。

芝麻猪肝山楂粥

功效：和胃消积

难易度：★★☆

原料：猪肝、水发大米、山楂、水发花生米、白芝麻、葱花各少许
调料：盐、鸡粉各2克，水淀粉、食用油各适量

· · 做法 · ·

1 将洗净的山楂去核，切块。

2 猪肝切片，放盐、鸡粉、水淀粉、食用油，腌渍入味。

3 砂锅中注清水烧开，倒入大米、花生米，煮至食材熟软。

4 倒入山楂、白芝麻，拌匀，续煮约15分钟，至食材熟透。

5 放入猪肝，拌煮至变色。

6 加入盐、鸡粉，拌匀，煮一会儿，至米粥入味，装入汤碗中，撒上葱花即成。

tips

腌渍猪肝时可淋入少许料酒，不仅能去除其腥味，还能改善粥的口感。

小米山药粥

● 难易度：★★☆

● 功效：健脾和胃

原料：水发小米120克，山药95克

调料：盐2克

tips

煮制小米粥时，要先用大火烧开，再转小火煮，这样煮出的粥口感更佳。

 做法

1 洗净去皮的山药切成厚块，再切条，改切成丁。

2 砂锅中注入适量清水烧开，倒入洗好的小米，放入山药丁，搅拌匀，用小火煮30分钟，至食材熟透。

3 放入盐，搅拌片刻，使其入味。

4 盛出煮好的小米粥，装入碗中即可。

山药鸡丁米糊

● 难易度：★★☆
● 功效：开胃消食

原料：山药120克，鸡胸肉70克，大米65克

tips

米碎入锅煮沸后，应调成小火煮制，以免煮糊。

做法

1 将洗净的鸡胸肉切成丁；洗好的山药切成丁，放入清水中。
2 取榨汁机，选绞肉刀座组合，把鸡肉丁放入杯中，搅碎。
3 选搅拌刀座组合，把山药丁和清水倒入杯中，榨取山药汁；选干磨刀座组合，将大米放入杯中，磨成米碎。
4 汤锅中注入清水，倒入山药汁、鸡肉泥，煮沸；米碎用水调匀后倒入锅中，煮成米糊即可。

①

②

③

④

菠萝炒饭

● 难易度：★★☆
● 功效：健胃消食

原料：米饭150克，火腿肠100克，玉米粒50克，鸡蛋1个，菠萝丁30克，葱花少许
调料：盐3克，鸡粉2克，食用油适量

● ● ● 做法 ● ● ●

1 将火腿肠切丁，鸡蛋打入碗中。
2 锅中加清水，倒入玉米粒、盐、食用油，煮至断生捞出。
3 锅中注油，放火腿丁，煮软，捞出；锅留油，放蛋液、米饭、焯过水的材料、火腿丁、菠萝丁、盐、鸡粉、葱花，炒熟。

五彩果醋蛋饭

● 难易度：★★☆
● 功效：健胃消食

原料：莴笋80克，圣女果70克，鲜玉米粒65克，鸡蛋1个，米饭200克，葱花少许
调料：盐4克，凉拌醋25毫升，冰糖30克，食用油适量

● ● ● 做法 ● ● ●

1 将莴笋切丁，圣女果切两半，鸡蛋打入碗中，打散，锅中注水，加盐、食用油、玉米粒、莴笋，煮熟，捞出。
2 锅加清水，放冰糖、凉拌醋、盐。
3 油起锅，放蛋液、米饭、玉米粒、莴笋、鸡蛋、圣女果、味汁、葱花，炒熟即可。

芹菜胡萝卜苹果汁

难易度：★★☆

功效：润肠通便

原料：芹菜60克，胡萝卜80克，苹果100克

调料：蜂蜜15毫升

 做法

1 洗净的芹菜切段。

2 洗净去皮的胡萝卜切丁。

3 洗好的苹果去核，切块。

4 取榨汁机，选择搅拌刀座组合，倒入苹果、芹菜、胡萝卜，倒入矿泉水。

5 盖上盖，选择"榨汁"功能，榨取果蔬汁。

6 加入蜂蜜，选择"榨汁"功能，搅拌，倒入杯中即可。

tips

芹菜含有大量粗纤维，切小段的话，更方便榨汁机运作。

猕猴桃西蓝花青苹果汁

难易度：★★☆

功效：健胃消食

原料：猕猴桃80克，青苹果100克，西蓝花80克

调料：蜂蜜10克

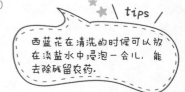

tips

西蓝花在清洗的时候可以放在淡盐水中浸泡一会儿，能去除残留农药。

做法

1　洗好去皮的青苹果、猕猴桃切块，备用。

2　洗好的西蓝花切成小块，焯水。

3　取榨汁机，选择"搅拌"刀座组合，倒入食材，加纯净水，榨取蔬果汁。

4　揭开盖，加入蜂蜜，搅拌均匀，倒入杯中，即可饮用。

包菜苹果蜂蜜汁

● 难易度：★★☆
● 功效：和胃健脾

原料：包菜150克，苹果120克

调料：蜂蜜10毫升

★ | tips |

包菜中含有大量的水分，可以减少加入白开水的量。

做法

1 洗净的包菜去芯，切块，焯水；洗好的苹果去核，切块。
2 取榨汁机，选择搅拌刀座组合，倒入包菜、苹果、纯净水。
3 盖上盖，选择"榨汁"功能，榨取蔬果汁。
4 揭开盖，加入蜂蜜，搅拌均匀即可。

黄瓜水果沙拉

- 难易度：★★☆
- 功效：健胃消食

原料：黄瓜130克，西红柿120克，橙子85克，葡萄干20克

调料：沙拉酱25克

做法

1 把洗净的西红柿切小块，洗净的橙子切开，去除果皮，切小块，洗净的黄瓜切小丁块，备用。

2 取一个大碗，倒入黄瓜丁、橙肉丁、西红柿丁，挤上沙拉酱，撒上葡萄干，快速搅拌至食材入味，待用。

3 另取一盘，摆放上切好的西红柿花瓣，盛入拌好的材料，摆好盘即可。

蜜柚苹果猕猴桃沙拉

- 难易度：★★☆
- 功效：消食开胃

原料：柚子肉120克，猕猴桃100克，苹果100克，巴旦木仁35克，枸杞15克

调料：沙拉酱10克

 做法

1 洗净的猕猴桃去皮，切块，洗好的苹果去核，切块，柚子肉分成小块。

2 把果肉装入碗中，放入沙拉酱，搅拌均匀，加入巴旦木仁、枸杞，搅拌，使食材入味。

3 将水果沙拉盛出，装盘中即可。

鲜桃黄瓜沙拉

● 功效：开胃消食

● 难易度：★★☆

原料：黄瓜120克，黄桃150克

调料：盐1克，白糖3克，苹果醋15毫升

• • 做法 • •

1 洗净的黄桃切开，去核，把果肉切小块。

2 洗好的黄瓜切开，用斜刀切小块，备用。

3 取一个碗，倒入切好的黄瓜、黄桃。

4 淋入苹果醋，加入少许白糖、盐。

5 搅拌均匀，至食材入味。

6 将拌好的食材装入盘中即成。

tips

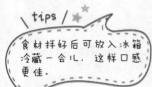

食材拌好后可放入冰箱冷藏一会儿，这样口感更佳。

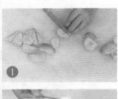

难易度：★★☆

功效：消食利水

西瓜哈密瓜沙拉

①

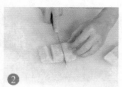
②

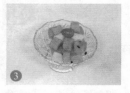
③

④

原料：西瓜200克，圣女果35克，哈密瓜150克

调料：沙拉酱适量

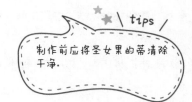

tips

制作前应将圣女果的蒂清除干净。

做法

1　洗净的西瓜取瓜肉，改切成小块。

2　洗好去皮的哈密瓜取果肉，再切块。

3　取一个果盘，放入切好的水果、洗净的圣女果，摆好。

4　挤上沙拉酱即可。

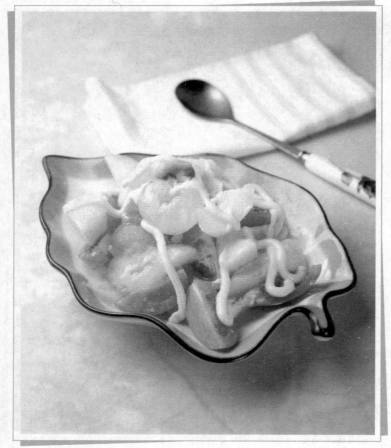

桂圆水果沙拉

难易度：★★☆

功效：开胃消食

原料：雪梨180克，圣女果100克，桂圆肉100克

调料：沙拉酱15克，橄榄油8毫升

tips

在沙拉酱内调入少许酸奶，味道会更好。

做法

1 洗净的圣女果、雪梨切块。

2 把备好的材料装入碗中，加入橄榄油，拌匀。

3 盛出拌好的食材，装入盘中，挤上沙拉酱即可。

❶

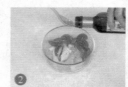

❷

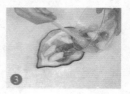

❸

草莓苹果沙拉

- 难易度：★★☆
- 功效：健胃消食

原料：草莓90克，苹果90克
调料：沙拉酱10克

做法

1 洗好的草莓去蒂，切块，洗净的苹果去核，切块，备用。
2 把切好的食材装入碗中，加入沙拉酱，搅拌至其入味。
3 将拌好的水果沙拉盛出，装入盘中即可。

雪梨拌莲藕

- 难易度：★★☆
- 功效：和胃健胃

原料：莲藕200克，雪梨180克，枸杞、葱花各少许
调料：白糖7克，白醋11毫升，盐3克

做法

1 洗净去皮的莲藕切片，洗好去皮的雪梨去核，切片，备用。
2 锅中注入清水烧开，加入白醋、盐、藕片，煮1分钟，放入雪梨片，再焯煮片刻，捞出。
3 将焯过水的藕片和雪梨片倒入碗中，放入葱花、枸杞、白糖、盐、白醋，拌至食材入味，装入盘中即可。

芒果香蕉蔬菜沙拉

难易度：★★☆

功效：促进消化

芒果香蕉蔬菜沙拉

原料：芒果、香蕉、紫甘蓝、生菜、胡萝卜、圣女果、黄瓜、紫葡萄各适量

调料：沙拉酱适量

tips

生菜最好切得细些，这样口感更佳。

做法

1 将洗净的生菜切细丝；去皮洗净的胡萝卜切成丝。

2 洗净的黄瓜切块；香蕉去皮，将果肉切段。

3 洗净的芒果取果肉切块；洗净的紫甘蓝切细丝。

4 取一个大碗，倒入切好的食材，放入备好的紫葡萄、圣女果，摆放好，挤上沙拉酱即成。

①

②

③

④

原料：豌豆110克，玉米粒85克，红蜜豆70克，胡萝卜90克，开心果仁40克，浓缩橙汁少许，生菜100克，酸奶35克

● 功效：健胃消食

难易度：★ ★ ☆

开心果蔬菜沙拉

•• 做法 ••

1 将洗好的生菜撕成条形，去皮洗净的胡萝卜切小块。

2 锅中注入清水烧开，倒入胡萝卜块。

3 放入洗净的豌豆、玉米粒，拌匀。

4 焯煮约3分钟，至食材断生，捞出，沥干水分。

5 把酸奶装入碗中，倒入浓缩橙汁，拌至橙汁溶化，即成酸奶酱。

6 取碗，倒入焯好的食材，放入红蜜豆、酸奶酱，拌匀，另取盘子，放入生菜，铺放好，盛入拌好的材料，点缀上开心果仁即可。

tips

橙汁最好先用少许温水化开，这样制作酸奶酱时会更方便一些。

假性近视调理餐

猪肝米丸子

难易度：★★☆

功效：保护视力

原料：猪肝、米饭、水发香菇、洋葱、胡萝卜、蛋液、面包糠各适量
调料：盐2克，鸡粉2克，食用油适量

 做法

1 猪肝洗净，蒸熟，切末。
2 胡萝卜切丁；香菇切丁；洋葱切碎末。
3 用油起锅，倒入胡萝卜丁、香菇丁、洋葱末、猪肝末，炒匀。
4 加盐、鸡粉、米饭，快速翻炒至米饭松散，盛出。
5 炒好后制成数个丸子，依次滚上蛋液、面包糠，制成米丸子生坯，待用。
6 热锅注油，烧至五六成热，放入生坯，炸至金黄色即成。

/ tips /
食材炒好后不宜放凉了再捏成丸子，否则容易散开，影响成品美观。

虾泥萝卜

● 难易度：★★☆

● 功效：保护视力

原料：虾仁70克，胡萝卜150克，鸡蛋1个，瘦肉75克，干贝少许

调料：生抽、盐、鸡粉、水淀粉、生粉、食用油各适量

tips

制作好的虾泥萝卜入锅蒸时，要把握好时间，以保证成品的鲜美味道。

做法

1 鸡蛋取蛋清；洗净的胡萝卜切段，压出花形，焯水；洗净的瘦肉切碎；虾仁洗净，去虾线；水发好的干贝压碎。

2 取榨汁机，选绞肉刀座组合，杯中放入虾仁、瘦肉，绞成肉泥，倒入碗中，加盐、蛋清，搅拌至起浆。

3 胡萝卜装入盘中，放上肉泥、蛋清、干贝，蒸熟。

4 锅中注油烧热，加水、生抽、盐、鸡粉、水淀粉，调成稠汁，淋在虾泥萝卜上即可。

原料：鸡胸肉100克，南瓜200克，牛奶80毫升
调料：盐少许

鸡肉拌南瓜

难易度：★★☆
功效：保护视力

•• 做法 ••

1 将洗净的南瓜切成丁，鸡胸肉放盐、水，待用。

2 烧开蒸锅，分别放入装好盘的南瓜、鸡胸肉。

3 盖上盖，用中火蒸15分钟至熟。

4 揭盖，取出蒸熟的鸡胸肉、南瓜，用刀把鸡胸肉拍散，撕成丝。

5 将鸡肉丝倒入碗中，放入南瓜，加入牛奶，拌匀。

6 将拌好的材料盛出，装入盘中即可。

tips

南瓜本身有甜味，牛奶不宜加太多，以免掩盖南瓜本身的味道。

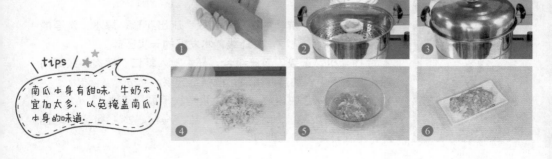

山楂蒸鸡肝

● 难易度：★★☆
● 功效：保护视力

原料：山楂50克，山药90克，鸡肝100克，水发薏米80克，葱花少许

调料：盐2克，白醋4毫升，芝麻油2毫升，食用油适量

•• 做法 ••

1 山药切丁，山楂去核，切块，鸡肝切片。
2 取榨汁机，将薏米倒入干磨杯中，加入山楂、山药，将食材磨碎。
3 加鸡肝、盐、白醋、芝麻油，放蒸锅中，蒸至熟透，放葱花、热油。

玉米粒炒杏鲍菇

● 难易度：★★☆
● 功效：保护视力

原料：杏鲍菇120克，玉米粒100克，蒜末、姜片各少许

调料：盐3克，鸡粉2克，白糖少许，料酒4毫升，水淀粉、食用油各适量

•• 做法 ••

1 将杏鲍菇切块。
2 锅中注入清水烧开，加入盐、食用油、玉米粒、杏鲍菇，煮至断生后捞出。
3 油起锅，放入姜片、蒜末、食材、料酒、盐、鸡粉、白糖、水淀粉，炒熟，盛出食材，装入盘中即成。

肉末胡萝卜炒青豆

难易度：★★☆

功效：保护视力

原料：肉末90克，青豆90克，胡萝卜100克，姜末、蒜末、葱末各少许

调料：盐3克，鸡粉少许，生抽4毫升，水淀粉、食用油各适量

tips

倒入焯过的食材后可选用大火翻炒，这样能缩短烹饪的时间。

 做法

1 将洗净的胡萝卜切成粒；胡萝卜粒、青豆焯水。

2 用油起锅，倒入肉末，快速炒松散。

3 放姜末、蒜末、葱末、生抽，拌炒片刻；倒入焯过的食材，炒匀。

4 转小火，调入盐、鸡粉、水淀粉，炒匀，盛在盘中即成。

原料：鸭肉、菠萝蜜、彩椒、姜片、蒜末、葱段各少许
调料：盐、鸡粉、白糖、番茄酱、料酒、水淀粉、食用油各适量

• • 做法 • •

1 将菠萝蜜果肉、彩椒切块。
2 鸭肉切片，放盐、鸡粉、水淀粉、食用油，腌渍入味。
3 鸭肉滑油至变色，捞出备用。
4 锅底留油，倒入姜片、蒜末、葱段，爆香。
5 倒入切好的彩椒、菠萝蜜，快速翻炒均匀。
6 倒入鸭肉、料酒、盐、白糖、番茄酱，翻炒入味即可。

难易度：★★☆
功效：保护视力

菠萝蜜炒鸭片

tips
鸭肉滑油，油温不要过高，鸭肉不要炒得过老。

猪肝杂菜面

● 难易度：★★☆
● 功效：保护视力

原料：乌冬面250克，猪肝片100克，韭菜10克，冬菜少许，高汤400毫升

调料：盐、鸡粉各2克，生抽4毫升

· · · 做法 · · ·

1 将洗净的韭菜切小段；猪肝片焯水。

2 锅中注入适量清水烧开，放入备好的乌冬面煮熟，盛入碗中，待用。

3 炒锅置火上，倒入高汤、冬菜、盐、鸡粉、生抽，拌匀调味。

4 倒入猪肝片，略煮，放入韭菜段，煮至断生，浇在面条上即成。

南瓜西红柿面疙瘩

● 难易度：★★☆
● 功效：保护视力

原料：南瓜75克，西红柿80克，面粉120克，茴香叶末少许

调料：盐2克，鸡粉1克，食用油适量

· · · 做法 · · ·

1 西红柿切瓣，南瓜切片，面粉装入碗中，加盐、清水、食用油，拌匀。

2 砂锅中注水，加盐、食用油、鸡粉、南瓜，拌匀，煮至断生。

3 倒入西红柿，煮约5分钟，倒入面糊，搅匀、打散，至面糊呈疙瘩状，拌煮至面疙瘩浓稠，盛出，点缀上茴香叶末即可。

滋补明目汤

难易度：★★☆

功效：保护视力

原料：猪肝120克，苦瓜200克，姜片、葱花各少许

调料：盐4克，鸡粉3克，料酒、食用油各适量

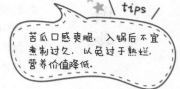

\ tips /

苦瓜口感爽脆，入锅后不宜煮制过久，以免过于熟烂，营养价值降低。

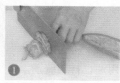

• • • 做法 • • •

1 洗净的苦瓜去子，切片，加2克盐、清水，抓匀，洗净。

2 洗好的猪肝切片，加盐、鸡粉、料酒，抓匀腌渍。

3 锅中注清水烧开，放入姜片、苦瓜、食用油，用中火煮熟，放入适量盐、鸡粉，拌匀调味。

4 倒入猪肝，拌匀，用大火煮约1分钟至熟，将锅中汤料盛入碗中，撒上葱花即成。

原料：水发大米、水发银耳、鸡肝、枸杞、姜丝、葱花各少许
调料：盐2克，鸡粉3克，生粉、食用油各少许

银耳鸡肝粥

难易度：★★☆
功效：保护视力

· · 做法 · ·

1 鸡肝切片，加盐、鸡粉、姜丝、生粉、食用油，拌匀腌渍。
2 洗好的银耳切块，备用。
3 砂锅中注入适量清水烧开，放入大米、鸡肝、银耳。
4 拌匀后用大火煮开，再转小火煮35分钟。
5 倒入枸杞，拌匀，煮1分钟。
6 加入盐、鸡粉、葱花，拌匀即可。

tips

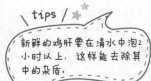

新鲜的鸡肝要在清水中泡2小时以上，这样能去除其中的杂质。

洋葱西红柿通心粉

● 难易度：★★☆
● 功效：保护视力

原料：通心粉85克，西红柿100克，洋葱35克

调料：盐3克，鸡粉2克，番茄酱适量，食用油各少许

tips

西红柿用水煮过更容易去皮。

• • • 做法 • • •

1 洗净的洋葱、西红柿切块，备用。

2 锅中注水烧开，加食用油、盐、鸡粉、通心粉，搅匀，用中火煮约3分钟至其断生。

3 倒入切好的西红柿、洋葱，搅拌匀。

4 加入番茄酱，拌匀，煮约2分钟至食材入味即可。

核桃枸杞粥

难易度：★★☆

功效：保护视力

原料：核桃仁30克，枸杞8克，水发大米150克

调料：红糖20克

tips

枸杞先用温水泡过会更好。

 做法

1 锅中注入适量清水烧开，倒入洗净的大米，搅拌均匀。

2 放入洗好的核桃仁，用小火煮约30分钟至食材熟软。

3 揭开盖，放入洗净的枸杞，搅拌匀。

4 煮10分钟至食材熟透，放入红糖，煮至溶化即可。

杞枣双豆豆浆

- ● 难易度：★★☆
- ● 功效：保护视力

原料：大枣5克，枸杞8克，水发黄豆40克，水发绿豆30克

做法

1 将洗净的大枣去核切块，将已浸泡6小时的绿豆倒入碗中，放入已浸泡8小时的黄豆，注入清水，搓洗干净，倒入滤网，沥干水分。

2 将绿豆、黄豆、大枣、枸杞倒入豆浆机中，注入清水至水位线即可。

3 选择"五谷"程序，待豆浆机运转约15分钟，倒入滤网，滤取豆浆。

枸杞黑芝麻豆浆

- ● 难易度：★★☆
- ● 功效：保护视力

原料：水发黄豆75克，黑芝麻30克，枸杞20克

调料：白糖10克

做法

1 将已浸泡8小时的黄豆倒入碗中，加清水，洗净，倒入滤网，沥干水分。

2 把黄豆、枸杞、黑芝麻倒入豆浆机中，注入清水至水位线即可。

3 选择"五谷"程序，待豆浆机运转约15分钟，即成豆浆，把煮好的豆浆倒入滤网，滤取豆浆，加白糖，拌匀，盛出即可。

免疫力低下
调理餐

功效：增强免疫力

难易度：★★☆

山楂猪排

原料：山楂90克，排骨400克，鸡蛋1个，葱花少许
调料：盐、生粉、白糖、番茄酱、水淀粉、食用油各适量

做法

1 洗净的山楂去核，切块；鸡蛋取蛋黄。
2 排骨洗净，加盐、蛋黄、生粉，拌匀腌渍。
3 锅中注入清水烧开，倒入山楂，煮5分钟，把山楂汁盛出。
4 热锅注油，烧至六成热，放入排骨，炸至金黄色，捞出。
5 锅底留油，倒入山楂汁、山楂、白糖、番茄酱，调匀煮化。
6 放水淀粉、排骨，翻炒均匀，装入盘中，撒上葱花即可。

tips

蒸猪排的时候时间不要太长，以免蒸老了。

功效：增强免疫力
难易度：★★☆

鲜鱿鱼炒金针菇

原料：鱿鱼300克，彩椒50克，金针菇90克，姜片、蒜末、葱白各少许

调料：盐3克，鸡粉3克，料酒7毫升，水淀粉6毫升，食用油适量

tips

鱿鱼内脏中含有大量的胆固醇，切鱿鱼时，一定要去除内脏。

做法

1　洗净的金针菇切去根部。

2　鱿鱼洗净，切花刀，切片，放盐、鸡粉、料酒、水淀粉，抓匀腌渍，焯水；洗好的彩椒切丝。

3　用油起锅，放入姜片、蒜末、葱白，爆香。

4　倒入鱿鱼、料酒，炒香；放入金针菇、彩椒、盐、鸡粉、水淀粉，炒熟即成。

难易度：★★☆

功效：增强免疫力

大蒜烧鳝段

原料：鳝鱼200克，彩椒35克，蒜头55克，姜片、葱段各少许

调料：盐2克，豆瓣酱10克，白糖3克，陈醋3毫升，料酒、食用油各适量

小贴士：在鳝鱼肉上切花刀时，最好深浅一致，这样受热更均匀。

做法

1 洗净的彩椒切成条；处理干净的鳝鱼切上花刀，切段。

2 用油起锅，倒入蒜头，炸至金黄色；盛出多余的油，放入姜片、鳝鱼肉，炒匀。

3 放豆瓣酱、料酒、清水、葱段、彩椒、陈醋，翻炒匀，用中火焖10分钟。

4 转大火收汁，加白糖、盐快速翻炒入味即可。

冬瓜烧香菇

- 难易度：★★☆
- 功效：增强免疫力

原料：冬瓜200克，鲜香菇45克，姜片、葱段、蒜末各少许

调料：盐2克，鸡粉2克，蚝油5克，水淀粉、食用油各适量

•• 做法 ••

1 冬瓜切丁，香菇切块。
2 锅中注入清水，加食用油、盐、冬瓜、香菇，煮约半分钟，捞出。
3 锅中注油，放姜片、葱段、蒜末、食材、清水、盐、鸡粉、蚝油，煮至食材入味，倒入水淀粉，炒匀，盛出炒好的菜肴即可。

洋葱丝瓜炒虾球

- 难易度：★★☆
- 功效：增强免疫力

原料：洋葱70克，丝瓜120克，彩椒40克，虾仁65克，姜片、蒜末各少许

调料：盐3克，鸡粉3克，生抽5毫升，料酒10毫升，水淀粉8毫升，食用油适量

•• 做法 ••

1 丝瓜、彩椒、洋葱切块，虾仁去虾线，放碗中，加盐、鸡粉、水淀粉。
2 锅中注入清水，加食用油、盐、丝瓜、洋葱、彩椒，煮至断生，捞出。
3 油起锅，放蒜末、姜片、虾仁、料酒、洋葱、彩椒、丝瓜、盐、鸡粉、生抽、水淀粉，炒熟，盛出即可。

三鲜鸡肉豆腐

难易度：★ ★ ☆

功效：增强免疫力

原料：鸡胸肉150克，豆腐80克，鸡蛋1个，姜末、葱花各少许
调料：盐2克，鸡粉1克，水淀粉、食用油各适量

〖做法〗

1 鸡蛋打开，取蛋清；洗好的豆腐压烂；洗净的鸡胸肉切丁。
2 取榨汁机，杯中倒入豆腐、鸡肉丁、蛋清，搅成鸡肉豆腐泥。
3 把鸡肉豆腐泥倒入大碗中，加姜末、葱花，拌匀。
4 取数个小汤匙，每个汤匙都蘸上食用油，放入鸡肉豆腐泥。
5 把鸡肉豆腐泥放入烧开的蒸锅蒸熟，取出，装入盘中。
6 用油起锅，加清水、盐、鸡粉、水淀粉拌匀，浇在鸡肉豆腐泥上即可。

/ tips /

制作此菜肴前可先将豆腐放入水中焯煮片刻，去除酸味。

胡萝卜炒口蘑

● 难易度：★★☆

● 功效：增强免疫力

原料：胡萝卜120克，口蘑100克，姜片、蒜末、葱段各少许

调料：盐、鸡粉、料酒、生抽、水淀粉、食用油各适量

★ \ tips /

焯煮食材时，放入盐后搅拌，能使盐溶于水中，使焯好的食材味道更佳。

• • 做法 • •

1 将洗净的口蘑切成片；洗净去皮的胡萝卜切成片。

2 胡萝卜片、口蘑片焯水。

3 用油起锅，放入姜片、蒜末、葱段，用大火爆香；倒入焯煮过的食材，翻炒几下。

4 放料酒、生抽、盐、鸡粉、水淀粉，快速炒匀即成。

难易度：★★☆
功效：增强免疫力

山楂糕拌梨丝

原料：雪梨120克，山楂糕100克

调料：蜂蜜15毫升

tips

淋入蜂蜜后再倒入果汁拌匀，能使雪梨的味道更佳.

做法

1 将洗净的雪梨去除果皮、果核，切成细丝。

2 山楂糕切细丝。

3 把切好的雪梨装入碗中，倒入切好的山楂糕，淋入蜂蜜。

4 搅拌一会儿，使蜂蜜融于食材中；取一个干净的盘子，盛入拌好的食材即成。

西芹丝瓜胡萝卜汤

- 难易度：★★☆
- 功效：增强免疫力

原料：丝瓜、西芹、胡萝卜、瘦肉、冬瓜、水发香菇、姜片各少许

调料：盐、鸡粉各2克，胡椒粉少许，料酒7毫升，芝麻油适量

• • 做法 • •

1 冬瓜、丝瓜、胡萝卜切块，西芹斜刀切段，瘦肉、香菇切块，锅中加清水，加瘦肉丁、料酒，氽煮去除血渍，捞出。
2 锅中加清水、瘦肉、姜片、香菇、胡萝卜、冬瓜块、西芹段、料酒，煮至断生。
3 放丝瓜、盐、鸡粉、胡椒粉、芝麻油，炒熟，盛出煮好的丝瓜汤。

火腿青豆焖饭

- 难易度：★★☆
- 功效：增强免疫力

原料：火腿45克，青豆40克，洋葱20克，高汤200毫升，软饭180克

调料：盐少许，食用油适量

• • 做法 • •

1 将火腿切粒，洗净的洋葱切粒。
2 锅中注入适量清水烧开，倒入洗净的青豆，煮3分钟至熟，捞出备用。
3 用油起锅，倒入洋葱、火腿、青豆、高汤，放入软饭，加盐，快速拌炒均匀，将锅中材料盛出装碗即可。

鸡肉布丁饭

原料：鸡胸肉40克，胡萝卜30克，鸡蛋1个，芹菜20克，牛奶100毫升，软饭150克

 做法

1 将鸡蛋打入碗中，打散，调匀。

2 洗好的胡萝卜切成粒。

3 洗净的芹菜切成粒。

4 将洗好的鸡胸肉切片，再切条，改切成粒。

5 将米饭倒入碗中，再放入牛奶、蛋液、鸡肉丁、胡萝卜、芹菜，搅拌匀，装入碗中。

6 将加工好的米饭放入烧开的蒸锅中蒸熟，取出即成。

\ tips /

牛奶不要放太多，以免掩盖其他食材的味道。

紫甘蓝拌茭白

● 难易度：★★☆

● 功效：益气养血

原料：紫甘蓝150克，茭白200克，蒜末少许

调料：盐2克，鸡粉2克，陈醋4毫升，芝麻油3毫升，食用油适量

tips

食材焯水时间不宜太长，否则炒制时会将水分炒出，影响口感。

做法

1 洗净去皮的茭白切成丝，洗净的紫甘蓝切成丝。

2 锅中注入清水烧开，加入食用油、茭白，煮半分钟至五成熟。

3 加入紫甘蓝，拌匀，再煮半分钟至断生，把焯煮好的食材捞出，沥干水分。

4 将焯过水的食材装入碗中，放入蒜末、生抽、盐、鸡粉、陈醋、芝麻油，拌匀，将拌好的食材盛出，装入盘中即可。

贫血调理餐

难易度：★★☆

功效：补血

青菜猪肝末

原料：猪肝80克，芥菜叶60克

调料：盐少许

tips

切猪肝时，要将猪肝的筋膜除去，否则会造成不易嚼烂、消化。

 做法

1 汤锅中注入适量清水烧开，放入芥菜叶，煮约半分钟至熟，捞出备用。

2 将芥菜叶剁碎；洗好的猪肝切剁成末。

3 汤锅中注水烧开，放入芥菜叶末、猪肝，用大火煮沸。

4 往锅中加入盐，搅拌均匀，盛入碗中即可。

原料：鸡肝200克，胡萝卜70克，芹菜65克，姜片、蒜末、葱段各少许

调料：盐3克，鸡粉3克，料酒8毫升，水淀粉3毫升，食用油适量

•• 做法 ••

1 将洗净的芹菜切段；去皮洗好的胡萝卜切条。

2 将洗好的鸡肝切片，放盐、鸡粉、料酒，抓匀腌渍。

3 胡萝卜条、鸡肝片分别氽水。

4 用油起锅，放姜片、蒜末、葱段，爆香。

5 倒入鸡肝片、料酒、胡萝卜、芹菜，炒匀。

6 加盐、鸡粉、水淀粉，炒匀即可。

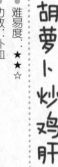

功效：补血

难易度：★ ★ ☆

胡萝卜炒鸡肝

tips

切鸡肝前，先用冷水浸泡再清洗干净。

功效：增强免疫力

难易度：★★☆

木耳烩豆腐

原料：豆腐200克，木耳50克，蒜末、葱花各少许

调料：盐、鸡粉、生抽、老抽、料酒、水淀粉、食用油各适量

· · 做法 · ·

1 把洗好的豆腐、木耳切块，分别焯水。

2 用油起锅，放入蒜末，爆香。

3 倒入木耳，炒匀，淋入料酒，炒香。

4 加入少许清水，放入生抽。

5 加入盐、鸡粉、老抽、豆腐，搅匀，煮熟。

6 倒入水淀粉勾芡，盛入碗中，撒入葱花即可。

\ tips /

用水淀粉勾芡时，不要加太多，以免汤汁过于浓稠，影响成品口感。

泥鳅烧香芋

● 难易度：★★☆
● 功效：补血

❶

❷

❸

❹

原料：芋头300克，泥鳅170克，姜片、蒜末、葱段各少许

调料：盐2克，鸡粉2克，生粉15克，生抽7毫升，食用油适量

tips

先用盐揉洗泥鳅，用水冲洗干净，就可以洗去黏液。

• • 做法 • •

1 芋头切块；泥鳅去除内脏，洗净，加生抽、生粉，拌匀。

2 热锅注油烧热，倒入芋头炸至六七成熟，捞出；泥鳅炸至焦脆，捞出待用。

3 锅底留油烧热，倒入姜片、蒜末、葱段，爆香；加温水、生抽、盐、鸡粉，煮沸。

4 倒入芋头，拌匀，煮约5分钟，倒入泥鳅炒至入味即可。

紫菜凉拌白菜心

● 难易度：★★☆
● 功效：增强免疫力

原料：大白菜200克，水发紫菜70克，熟芝麻10克，蒜末、姜末、葱花各少许
调料：盐3克，白糖3克，陈醋5毫升，芝麻油2毫升，鸡粉、食用油各适量

● ● 做法 ● ●

1 大白菜切成丝；油起锅，倒入蒜末、姜末、爆香。
2 锅中注入清水，放盐、大白菜，煮片刻，倒入紫菜，煮沸，捞出。
3 把焯煮好的食材装碗中，倒入蒜末、姜末、盐、鸡粉、陈醋、白糖、芝麻油、葱花、熟芝麻，拌匀。

凉拌嫩芹菜

● 难易度：★★☆
● 功效：增强免疫力

原料：芹菜80克，胡萝卜30克，蒜末、葱花各少许
调料：盐3克，鸡粉少许，芝麻油5毫升，食用油适量

● ● 做法 ● ●

1 芹菜切段；胡萝卜切丝。
2 锅中注入清水，放食用油、盐、胡萝卜片、芹菜段，煮至断生，捞出。
3 加入盐、鸡粉、蒜末、葱花，再淋入芝麻油，搅拌约1分钟至食材入味，将拌好的食材装在碗中即可。

原料：菠菜85克，虾米10克，腐竹50克，姜片、葱段各少许
调料：盐2克，鸡粉2克，生抽3毫升，食用油适量

•• 做法 ••

1 洗净的菠菜切成段，备用。
2 热锅注油，烧至五成热，倒入腐竹，炸至金黄色，捞出备用。
3 锅底留油烧热，倒入姜片、葱段，爆香。
4 放入虾米、腐竹，翻炒出香味。
5 加清水、盐、鸡粉、生抽，炒匀上色。
6 煮约2分钟至食材熟透，放入菠菜，炒熟即可。

腐竹烩菠菜

难易度：★★☆
功效：补血

★ tips

菠菜不要炒太久，以免破坏其营养。

原料：配方奶粉15克，黑芝麻10克，糯米粉15克

调料：白糖适量

功效：补血

难易度：★★☆

牛奶黑芝麻糊

· · 做法 · ·

1 将适量开水注入糯米粉中，搅拌均匀，调成糊状。

2 在配方奶粉中注入适量凉开水，搅匀，待用。

3 砂锅中注入适量清水烧热。

4 倒入黑芝麻，搅拌均匀。

5 关火后放入配方奶粉、糯米粉，边倒边搅拌。

6 加入白糖，搅拌至完全溶化即可。

tips

黑芝麻可先干炒后再煮，味道会更香。

菠菜拌鱼肉

● 难易度：★★☆
● 功效：补血

原料：菠菜70克，草鱼肉80克

调料：盐少许，食用油适量

菠菜入锅后不宜煮制太久，以免过于熟烂。

做法

1 菠菜焯水，切碎。

2 将装有鱼肉的盘子放入烧开的蒸锅中，用大火蒸10分钟至熟，取出，剁碎。

3 用油起锅，倒入鱼肉，再放入菠菜碎，放入盐。

4 拌炒均匀，炒出香味，将锅中材料盛出，装入碗中即可。

猪肝瘦肉泥

- 难易度：★★☆
- 功效：补血

原料：猪肝45克，猪瘦肉60克

调料：盐少许

•• 做法 ••

1 洗好的猪瘦肉剁成肉末，备用。

2 处理干净的猪肝切成薄片，剁碎，取蒸碗，注入清水，倒入猪肝、瘦肉，加入盐，放入烧开的蒸锅中。

3 盖上锅盖，用中火蒸约15分钟至其熟透，揭开锅盖，取出蒸碗，搅拌几下，使肉粒松散，另取一个小碗，倒入蒸好的瘦肉猪肝泥即可。

香菇芹菜小米粥

- 难易度：★★☆
- 功效：增强免疫力

原料：水发小米100克，芹菜梗70克，鲜香菇40克

调料：盐、食用油各适量

•• ••

1 芹菜梗切粒，香菇去蒂，切丁。

2 砂锅中注入清水，倒入小米，煮至变软，倒入香菇丁，煮至食材熟透。

3 放入芹菜粒，淋入食用油，搅拌，再加入盐，煮至米粥入味，盛出煮好的小米粥，装入汤碗中即成。

鸡蛋瘦肉粥

● 难易度：★★☆
● 功效：补血

原料：水发大米110克，鸡蛋1个，
瘦肉60克，葱花少许

调料：盐、鸡粉各2克

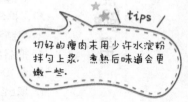

tips

切好的瘦肉末用少许水淀粉拌匀上浆，煮熟后味道会更嫩一些。

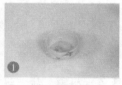

 做法

1 将鸡蛋打入碗中，调匀，制成蛋液；把洗净的瘦肉剁成末。

2 锅中注水烧开，倒入洗好的大米，煮沸后用小火煮30分钟。

3 放入肉末搅拌匀，煮片刻，加入盐、鸡粉，拌匀调味。

4 放入蛋液，煮一会儿至液面浮起蛋花，撒上葱花，拌匀即成。

拉肚子调理餐

山药蒸鲫鱼

难易度：★★☆

功效：健脾和胃

原料：鲫鱼、山药、葱条、姜片、葱花、枸杞各少许
调料：盐2克，鸡粉2克，料酒8毫升

•• 做法 ••

1 洗净去皮的山药切成粒。
2 处理干净的鲫鱼两面切上一字花刀，放葱条、料酒、盐、鸡粉，拌匀腌渍。
3 将腌渍好的鲫鱼装入盘中，撒上山药粒，放上姜片。
4 把蒸盘放入烧开的蒸锅中。
5 蒸10分钟，至食材熟透。
6 取出蒸好的山药鲫鱼，夹去姜片，撒上葱花、枸杞即可。

tips

蒸鲫鱼时不用放入过多调料，会影响鲫鱼的鲜味。

小米香豆蛋饼

● 难易度：★★☆
● 功效：健脾和胃

原料：面粉150克，鸡蛋2个，水发黄豆100克，四季豆70克，水发小米50克，泡打粉2克

调料：盐3克，食用油适量

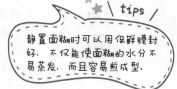

tips

静置面糊时可以用保鲜膜封好，不仅能使面糊的水分不易蒸发，而且容易煎成型。

 做法

1 把洗净的四季豆切碎，焯水；洗好的黄豆剁成末。

2 将鸡蛋打入碗中，放入四季豆、小米、黄豆、泡打粉、盐、面粉，制成面糊，静置10分钟；注入少许食用油，搅拌片刻。

3 煎锅中注入剩余食用油，烧热后转用小火。

4 倒入拌好的面糊，摊开铺匀，煎至两面呈金黄色即成。

原料：挂面90克，茼蒿80克，葱花少许
调料：盐3克，鸡粉2克，食用油适量

难易度：★★☆

功效：健脾和胃

茼蒿清汤面

・・ 做法 ・・

1 锅中注入清水，用大火烧开，放入盐、鸡粉。
2 倒入食用油。
3 将挂面放入锅中。
4 用筷子将挂面搅散，煮5分钟至面条七成熟。
5 加入洗好的茼蒿，拌匀，煮至食材熟软。
6 放入葱花，拌匀，略煮片刻即可。

\ tips /

为了防止面粘在一起，可以用筷子沿锅沿慢慢搅动面条。

果味麦片粥

● 难易度：★★☆
● 功效：健脾和胃

原料：猕猴桃40克，圣女果15克，燕麦片70克，牛奶150毫升，葡萄干30克

・・ 做法 ・・

1 将洗净的圣女果切丁；猕猴桃切瓣，去皮，切丁。

2 汤锅中注入适量清水，烧热，放入葡萄干，盖上盖，烧开后煮3分钟，揭盖，倒入牛奶，放入燕麦片，转小火煮5分钟至呈黏稠状。

3 倒入部分猕猴桃，搅拌均匀，将锅中成粥盛出装碗，放入圣女果和剩余的猕猴桃即可。

燕麦二米饭

● 难易度：★★☆
● 功效：健脾和胃

原料：水发大米100克，水发小米70克，燕麦50克

・・ 做法 ・・

1 锅中注入适量清水烧热，倒入洗好的大米、小米、燕麦，拌匀。

2 盖上盖子，煮开后用小火煮30分钟至食材熟透。

3 盛出煮好的饭即可。

薏米山药饭

● 难易度：★★☆

● 功效：健脾和胃

原料：水发大米160克，水发薏米100克，山药160克

tips

山药切好后可以泡在淡盐水中，能防止其氧化变黑。

•• 做法 ••

1 将洗净去皮的山药切片，再切成条，改切成丁，备用。

2 砂锅中注入适量清水烧开，倒入洗好的大米、薏米。

3 放入切好的山药，拌匀。

4 煮30分钟至食材熟透，盛入碗中即可。

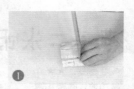

原料：甘蔗200克，雪梨100克

 做法

甘蔗雪梨糖水

功效：润肺止咳

难易度：★★☆

1 将洗净去皮的甘蔗切小段，再拍裂；洗净的雪梨去除果核，果肉切瓣，切丁。

2 砂锅中注入清水烧开。

3 倒入甘蔗、雪梨。

4 盖上盖，煮沸后用小火煮约15分钟，至食材熟软。

5 揭盖，搅拌几下，用中火续煮片刻。

6 盛出煮好的糖水，装入汤碗中，待稍微放凉后即可饮用。

tips

甘蔗切得短一些，拍裂的时候才更省力。

咳嗽调理餐

蜜汁苦瓜

● 功效：化痰止咳
● 难易度：★★☆

原料：苦瓜130克
调料：蜂蜜40毫升，凉拌醋适量

·· 做法 ··

1 将洗净的苦瓜切开。
2 去除瓜瓤，用斜刀切成片。
3 锅中注入适量清水烧开。
4 倒入切好的苦瓜，搅拌片刻，再煮约1分钟。
5 至食材熟软后捞出，沥干水分，待用。
6 将焯煮好的苦瓜装入碗中，放蜂蜜、凉拌醋搅拌入味即成。

tips

焯煮苦瓜时加入少许食粉，能缩短焯煮的时间.

冰糖蒸香蕉

- 难易度：★★☆
- 功效：化痰止咳

原料：香蕉120克

调料：冰糖30克

tips

应选用肥大饱满、没有黑斑的香蕉。

 做法

1 将洗净的香蕉剥去果皮，用斜刀切片，备用。

2 将香蕉片放入蒸盘，摆好，撒上冰糖。

3 蒸锅注水烧开，把蒸盘放在蒸锅里。

4 盖上锅盖，用中火煮7分钟，取出蒸好的食材即可。

薏米白果粥

难易度：★★☆

功效：化痰止咳

原料：水发薏米40克，大米130克，白果50克，枸杞3克，葱花少许

调料：盐2克

tips

将白果放入微波炉中以高火加热2分钟，容易剥去外壳。

 做法

1 砂锅中倒入清水，用大火烧开，放入水发好的薏米、大米。

2 倒入备好的白果，搅拌匀，用大火烧开后转小火煮30分钟，至米粒熟软。

3 放入枸杞，搅拌均匀。

4 加入盐，搅拌均匀至食材入味，装入碗中，再放上葱花即可。

原料：鲫鱼400克，川贝15克，陈皮10克，姜片、葱花各少许
调料：料酒10毫升，盐2克，鸡粉3克，胡椒粉少许，食用油适量

1 用油起锅，撒入姜片，爆香。
2 放入处理干净的鲫鱼，煎出焦香味。
3 将鲫鱼翻面，煎至焦黄色。
4 淋入料酒，倒入适量清水。
5 放入川贝、陈皮、盐、鸡粉，拌匀调味，烧开后用小火煮15分钟，至食材熟透。
6 放入胡椒粉，拌匀调味，装入碗中，撒上葱花即可。

难易度：★★☆

功效：化痰止咳

川贝鲫鱼汤

tips

煎鱼时可以转动锅，使鱼受热均匀，不易粘锅。

功效：润肺止咳

难易度：★☆☆

枸杞川贝花生粥

原料：枸杞10克，川贝10克，水发
花生70克，水发大米150克

tips

熬粥时，中途可以掀开盖搅
拌一下，防止粘锅。

做法

1 砂锅注入清水烧开。

2 倒入大米、花生、川贝、枸杞，拌匀。

3 盖上盖，炖30分钟至熟。

4 揭开盖子，用锅勺搅拌片刻，把煮好的粥盛出，装入碗中
即可。